세상이 아무리 바쁘게 돌아가더라도
책까지 아무렇게나 빨리 만들 수는 없습니다.
인스턴트 식품 같은 책보다는
오래 익힌 술이나 장맛이 밴 책을 만들고 싶습니다.

길벗은 독자 여러분이
가장 쉽게, 가장 빨리 배울 수 있는 책을
한 권 한 권 정성을 다해 만들겠습니다.

독자의 1초를 아껴주는
정성을 만나보십시오.

● ●

미리 책을 읽고 따라해본 2만 베타테스터 여러분과
무따기 체험단, 길벗스쿨 엄마 2% 기획단,
시나공 평가단, 토익 배틀, 대학생 기자단까지!
믿을 수 있는 책을 함께 만들어주신 독자 여러분께 감사드립니다.

홈페이지의 '독자마당'에 오시면 책을 함께 만들 수 있습니다.

(주)도서출판 길벗 www.gilbut.co.kr
길벗 이지톡 www.gilbut.co.kr
길벗스쿨 www.gilbutschool.co.kr

초등
자존감의 힘

소극적인 아이도
당당하게 만드는

초등
자존감의 힘

김선호(초등교육 전문가)·
박우란(심리상담 전문가) 지음

길벗

◆

하나만 선택하면 됩니다,
바로 '자존감'입니다

◆

문득, 학교에서 학부모 상담을 할 때 선배 교사에게 익히 들어온 '불편한 명제'들이 떠오릅니다.

첫째, '어쩌다 어른'이 된, 그래서 정서가 불안한 부모가 참 많다
둘째, 제 아이를 진정 사랑하는 부모가 의외로 드물다
셋째, 제 아이의 진짜 모습을 제대로 아는 부모는 극히 드물다

하지만 이런 생각을 해봅니다. '어쩌다 어른'이 되지 않은 이도 있는가?' '진정한 사랑을 누가 아는가?' '보통 서툴게 사랑하고 크고 작은 상처를 주고받지 않는가?' '내 자신도 몰라서 종종 의외의 내 모습에 놀라는데, 아이에 대해 온전히 아는 게 가능한가?'

대부분의 부모는 '어쩌다 어른'이 됐고, 여전히 사랑에 서툴며, 제 아이의 진짜 모습은커녕 자신의 진짜 모습도 정확히 모르고 살아갑니다. 이젠 인정합시다, 부모 대부분이 불안하고 불완전한 존재입니다. 그러니 아이가 안정된 정서를 갖고 공부와 운동을 잘하며 여러

사람에게 인정받는 사람으로 성장하길 바라는 건 어불성설입니다. 다행히 요즘은 이런 모순적인 학부모님들이 많이 줄었습니다.

한편 모든 걸 잘하기보다 '아이가 좋아하는 것'을 빨리 발견해 전념하길 바라는 부모도 있습니다. 그런데 20~30대, 아니 40대에도 진로를 고민하는 사람이 많은데 초등학교 때 결정하는 건 다소 성급한 일이 아닐까 염려되기도 합니다.

그럼 초등학교 단계에선 뭘 익히는 게 좋을까요?

초등 고학년만 돼도 아이는 진짜 고민, 진짜 속마음을 부모에게 온전히 털어놓지 않습니다. 서운하게 생각하실 필요 없습니다. 부모와의 정서적 분리가 시작된 것뿐이니까요. 이때부턴 아이 스스로 감각하고 판단하며 살아갑니다. 그렇다면 이 시기가 도래하기 전, 부모는 아이에게 무엇을 교육해야 할까요?

'자존감'입니다. 자존감이 무엇이며, 좌절하더라도 어떻게 다시 일어서게 하는지, 이 책을 읽으면 자존감 교육 방법이 선명해질 겁니다.

오랫동안 '살아 숨 쉬는' 실질적인 자존감 교육을 실천한 김선호 선생님과, 자아 존재를 주제로 수많은 심리상담을 진행한 박우란 심리상담가의 손을 통해 완성된 이 책을 기쁜 마음으로 추천합니다.

오늘도 우리 아이들은 운동장을 달립니다. 그들의 자존감도 함께 달리기를 응원합니다.

유석초등학교 교사 곰쌤, 김진환

◆

자존감은 '길'입니다

◆

아이는 초등 시기 학교 공동체에서 보다 많은 타인들과 함께하며 자신을 발견합니다. 서서히 부모가 아닌 다른 사람의 시선 속에서 자신의 존재를 자각하게 됩니다. 그렇게 존재를 느끼다 초등 고학년에 올라서서 사춘기를 맞이하면 이것이 '자아상'으로 고정됩니다. 자존감의 틀을 만들어버리는 것이지요. 그리고 평생을 그렇게 자신을 규정지은 채 살아갑니다. 안타깝게도 그 이후에 자존감을 바꾸기란 거의 '기적'과도 같은 일입니다.

초등 고학년, 자존감의 틀이 만들어집니다.

교직생활 10년 동안 5, 6학년 아이들 담임을 주로 맡았습니다. 그리고 해를 거듭할 때마다 늘 아쉬움이 밀려왔습니다.

'내게 6개월만 더 이 아이들을 맡겨준다면… 최소한 몇 명의 자존감은 조금이라도 튼튼하게 다져줄 텐데….'

아쉽게도 아이들은 주섬주섬 흩어진 자존감 조각들을 맞추다 말고 중학교로 올라갑니다.

'혼신을 다하다 못해 지쳐 신경성 위장염을 달고 사는데 왜 아이들의 자존감 회복 속도가 이렇게 더딜까? 왜 변화가 눈에 보이지 않을까? 내 교육 방식이 잘못된 건가?'

학교 업무를 미뤄놓고라도 일단 학급 아이들의 내면부터 살핍니다. 항상 자존감에 최우선을 두지만, 자존감 회복의 속도는 늘 달팽이 걸음입니다. 이유는 한 가지입니다. 저 혼자 뛰고 있기 때문입니다. 같이해야 합니다.

우리 초등 아이들은 365일 중 190일 정도 학교를 나옵니다. 나머지 175일은 가정에서 보냅니다. 일 년에 약 절반은 학교에서, 나머지 절반은 집에서 대부분의 시간을 보내는 겁니다. 학부모로서 교육적 가치관과 심리·정서적 자각 능력을 갖추지 못한다면, 당연히 175일 동안 지속적으로 자녀의 자존감이 낮아집니다.

학부모가 되려면,
학부모가 되기 위한 공부를 해야 합니다.

많은 부모가 학부모가 되기 위한 공부를 거의 하지 않습니다. 가끔 학교에서 마련한 학부모 교육 강좌에 참석하기도 힘들 정도입니다. 그래서는 안 됩니다. 듣기 싫으시겠지만 이 말은 한 번 더 해야겠습니다.

"학부모도 공부해야 합니다."

양육자로서, 교육자로서 그나마 자존감 형성에 도움을 줄 수 있는 마지막 기간인 초등 시기를 부모가 놓치게 하고 싶지 않아 이 책을 썼습니다. 안타깝지만 초등학생을 둔 많은 학부모가 자존감에 대해 잘 모릅니다. 그저 공감과 격려를 통한 칭찬만 하면 그럭저럭 자존감이 채워질 거라 생각합니다. 자존감은 그렇게 쉽게 형성되지 않습니다. 자기 자신을 직시하는 과정이 동반되어야 합니다.

자존감이란
무엇인지에 대한 물음으로 이 책은 시작합니다.

그리고 학교와 가정에서 어떻게 자존감이 낮아지고 있는지, 다시금 회복시키는 방법은 무엇인지 세밀하고 구체적으로 다루었습니다. 사실 인간의 자존감을 성찰하고 언급한 역사 자체가 짧습니다. 하지만 심리학과 정신분석을 통해 불과 100년 사이에 놀라운 사실들을 알게 되었습니다. 이 책은 교육 서적이라기보다는 '자존감'이라는 심리학 용어를 빌려다 쓴 '자존감에 대한 자녀 심리 교육서'라고 불리는 것이 더 합당할 겁니다. 최대한 이해하기 쉽도록 예시와 함께 설명했습니다. 자녀의 자존감 회복뿐 아니라 그 이전에 부모 자신의 잊고 있던 자존감을 꺼내는 계기가 될 것입니다.

책을 집필하면서 심리상담가인 아내에게 큰 빚을 졌습니다. 원고의 1/3은 아내의 손으로 작성되었으며, 나머지 2/3에 들어간 심리적 통찰들도 아내의 힘이 큽니다. 아내이기보다는 '동지(同志)'로 기억되

길 원하는 그녀에게 고마움을 보냅니다. 더불어 내년이면 6학년이 되는 딸을 생각합니다. 이번 책에는 꼭 자기를 언급해달라던 소원을 오늘에야 들어줍니다. 은서에게 이 책을 맨 먼저 전합니다.

"은서야, 너의 길과 아빠의 길은 다르다."

2018년 겨울 초입, 다락방 집필실에서

초등교육 전문가 김선호

1장 ~~~ 초등 아이가 말하는 자존감은 단순하다

1장

초등 아이가 말하는
자존감은 단순하다

자아존중감보다
자아존재감이 먼저다

세상에 과묵한 사람은 없다.

다만 내 말을 들어줄 대상, 상황, 타이밍을 만나지 못했을 뿐이다.

◆

정신과 의사 류미, 《리스너》

요즘 텔레비전 애완견 프로그램에 자주 등장하는 인물이 있다. 초등학생들에게 '개통령'으로 통하고 인기도 많다. 보듬컴퍼니 대표 훈련사 강형욱이다. 그는 자신을 훈련사보다는 '반려견 행동 전문가'라고 한다. 그가 신문 인터뷰에서 언급한 말이 마음에 와닿았다.

"반려견의 자존감을 키우며 훈련하는 게 중요하다고 생각합니다."

그 말을 듣고 처음으로 강아지의 자존감에 대해 생각해보았다. 강아지에게 그저 때 되면 사료 챙겨주고, 가끔 맛있는 뼈다귀를 선심 쓰듯 던져주고, 변을 잘 치워주는 것만으로도 충분히 주인 노릇한다고 여겼다. 그런데 자존감까지 신경 써야 한다는 그의 말은 사실 충격에 가까웠다.

'강아지의 자존감도 존중받는 시대', 대한민국 초등학생의 자존감은 어느 정도의 관심을 받고 있는지 되짚어보고 싶었다. 먹고, 자고, 공부시키는 것 이외에 초등 자녀의 '자존감'에 대해 신경 쓰기에는 너무 바쁘고 일상사에 지친 학부모가 많다. 그래도 '학습력' 못지않게 '자존감'의 중요성을 인식하고 어떻게든 자존감 있는 자아관을 형성시키려 애쓰는 모습도 보인다. 하지만 자존감이 무엇인지조차 잘 모르는 경우가 많다.

보통 우리는 '자존감'을 '자아존중감'이라고 생각한다. '그 누가 뭐라 해도 자신에 대한 존중감을 놓치지 않는 것', 물론 아주 중요한 이야기다. 하지만 그 이전에 알아야 할 것이 있다. '자존감'은 단지 '자아존중감'만을 의미하는 것이 아니다. 더 근본에 '자아존재감'이 형성되어 있어야 한다. '자아존재감'이 형성되지 않은 상태에서는 '자아존중감'이 자라기 어렵다.

'자아존재감'이라는 질 좋은 토양이 마련되어야 '자아존중감'이 자리할 수 있다. 그래서 나는 자존감에 대한 알고리즘을 아래와 같이 단순화해서 표현한다.

자존감 = 자아존재감 + 자아존중감

그림으로 표현하면 이렇게 나타낼 수 있다.

'자아존재감'이란 쉽게 표현해서 '내가 여기 있음을 안다'는 것이다. 대부분의 사람들은 당연히 '내가 여기 있다'고 생각한다. 하지만 인간은 매우 나약한 심리를 지녔는데, 누군가 나를 바라봐주지 않으면 내가 여기 있음을 느끼지 못한다.

예를 들어 철수가 모둠과제 발표를 맡았다고 하자. 열심히 준비해서 수업 중 교실 앞에서 PPT 자료를 성의 있게 발표했다. 하지만 그의 발표에 관심갖는 친구는 없고 모두 다른 이야기를 하거나, 철수를 바라보지 않는다면, 철수는 자신의 존재감에 의심을 품게 된다. 분명 철수는 발표를 하고 있었으나, 자기 자신은 그 자리에 없었던 것과 마찬가지인 존재감 상실을 경험한다.

이렇듯 '내가 있다'라는 존재감은 나 스스로의 힘으로 느끼기보다는 다른 사람의 '바라봄'을 통해 인지된다.

다른 사람의 시선을 통해 자아존재감이 형성된다는 말은 부정적으로 들릴 수도 있지만, 한편으로 희망이 될 수도 있다. 부모로서 자녀를 바라봐주기만 하면 자녀의 존재감이 형성된다는 의미이기 때문이다. 자주, 짬나는 대로 판단 없이 자녀를 바라보는 시선 속에서 우리 아이는 자신의 존재감을 느낀다.

결국 '자아존재감'은 어떤 형태로 자신에게 내재하게 되는지가 중요하다. 존재감 자체를 높이는 것은 큰 의미가 없다. 안타깝게도 대부분의 학부모가 아이의 '자아존재감'을 형성시키는 데 몰두해야 하는 때를

놓친 채, 초등 시기 어떻게 해서든 '자아존중감'만 높이려고 급급한 모습을 보이는 경우가 많다.

가장 중요한 것은 '의지적인 바라봄'이다. 의지가 필요한 이유는 자녀의 형편없는 순간마저도 바라볼 용기가 있어야 하기 때문이다. 자아존중감은 '내가 여기에 형편없이 있음에도 누군가 나를 바라봐주는 사람이 있을 때' 형성된다.

지금까지의 내용을 정리해서 자존감 공식을 보충하면 다음과 같다.

자존감 = 자아존재감 + 자아존중감

= 나를 바라보는 사람 + 형편없이 있어도 나를 바라보는 사람

위와 같은 자존감 공식에서 밑줄 친 '사람'에 유의할 필요가 있다. 누군가의 자존감이 형성되기 위해 절대적으로 필요한 조건이 바로 '타인(他人)'이라는 사실이다. 자존감은 자기 스스로 세울 수 있는 것이 아니다. 누군가가 있어야 한다. 그 누군가가 바로 여러분이 될 수 있기를 바란다.

존재감은 목숨보다 소중하다

"자신이 얼마나 아름다운지 대체 알고는 있어요?"

"나에게도 거울은 있어요."

◆

헤르만 헤세, 《나르치스와 골드문트》

 어느 날 점심시간, 민선이가 얼굴이 벌게져서 교실에 들어와 분하다는 듯 눈가에 눈물방울을 보이며 말했다.

"선생님! 영희가 맨날 째려봐요. 조금 전엔 나를 흘끗 보면서 비웃었어요."

고학년 여학생들이 쏟아내는 불만을 들어보면 옳고 그름을 판단하기 애매한 경우가 많다. 막상 영희를 불러서 자초지종을 물어보면 대답은 뻔하다.

"아닌데요, 전 째려보지 않았는데요. 민선이를 비웃지도 않았는데요."

그런 면에서 남학생들이 참 고맙다. 그들은 명확한 사건만 다룬다.

"선생님! 민수가 줄 서는 데 새치기했어요."

"선생님! 민수가 날 때렸어요."

그리고 대부분 본인이 한 행위를 인정한다. 혹은 객관적인 목격자 확보가 용이하다. 잘못한 아이는 사과하고, 피해를 입은 아이가 용서하면 사건은 바로 종료된다.

이렇게 학생들과 여러 상황을 조율하다 보면 고학년 담임의 하루는 어느새 오후로 흘러간다. 어찌 보면 고충 처리에 수업보다도 더 많은 에너지를 쏟는다고 할 수 있다. 학교 업무는 아이들이 다 집으로 돌아간 후에야 정신을 차리고 하나씩 해치운다. 그리고 저녁나절 집으로 돌아가면서 생각에 잠긴다. 대부분 민감한 여학생들의 뭔가 미진한 사건 해결에 대한 내용이다.

'영희가 정말 민선이를 째려본 걸까? 아니면 그런 일이 없었는데, 민선이 혼자 그렇게 상상한 것일까?'

여학생들의 심리전은 퇴근 후까지 담임의 뇌리를 떠나지 않으며 연신 머릿속에서 재잘거린다. 내일 다시 학교에서 잘 살펴보리라 다짐하지만 상황은 늘 새롭게 시작되거나 밤사이 엉켜진 실타래마냥 뒤섞여져 나타난다.

어느 2학기 볕 좋은 가을날, 학부모로부터 전화를 받았다.

"안녕하세요, 선생님. 준호 엄마입니다. 뭐 특별한 일이 있어 연락드린 건 아닙니다. 우리 준호가 요즘 학교생활을 어떻게 하고 있는지 궁금해서요. 무난하게 잘하고 있나요?"

순간 나도 모르게 이렇게 반문했다.

"준호요…?"

사실 이름을 듣고서 깜짝 놀랐다. 분명 우리 반이 맞는데, 갑작스레 준호의 얼굴이 떠오르지 않았다. 나는 보통 먼저 얼굴을 떠올리고 다음에 학생의 행적들이 자연스럽게 연상으로 이어진다. 그런데 얼굴 이미지가 떠오르지 않으니 준호에 대한 어떤 것도 연결되지 않았다. 마치 사유의 흐름이 절단된 기분이었다.

그때 마침 준호가 방과 후 수업을 마치고 교실에 가방을 가지러 들어왔다. 준호 얼굴을 보고서야 기억이 솟아났고 어머니께 그간의 학교생활을 말씀드릴 수 있었다.

그날 저녁 퇴근하면서 생각에 잠겼다.

'어떻게 지금 우리 반 학생 얼굴이 떠오르지 않을 수가 있지?'

그때서야 문득 알게 되었다. 지난 한 달간 내 머릿속은 온통 미묘한 감정싸움을 하고 있는 여학생들과, 거칠게 몸으로 표현하는 몇몇 남학생들의 이미지로 가득했다.

기본적으로 우리 뇌는 강한 자극이나 혹은 계속 반복되는 반응들을 중요하게 생각하고 장기 기억으로 옮겨놓는다. 나의 뇌는 끊임없이 생각할 거리를 주거나, 해결할 문제를 안겨주는 학생들의 이미지를 들었다 놓았다 하고 있었다. 준호는 그런 이미지에 속한 학생이 아니었다.

그 결과 오히려 문제를 주는 아이들에 비해 존재감이 약했던 것이다. 엄밀히 말하면 존재감은 있으나 준호에게로 다가가는 통로가 막혀 존재감을 인식하지 못하는 상태였다.

그리스어에 '아포리아(Aporia)'라는 단어가 있다. 길이 없거나 통로가 막혀 더 이상 앞으로 나아갈 수 없는 상태를 의미한다. 누군가에 대한 이미지가 떠오르지 않는 상황 자체를 나는 그에 대한 '아포리아' 상태라고 말한다. 이미지가 없으면 존재를 인식하는 통로가 막힌 것과 다름이 없기 때문이다.

초등학생의 존재감은 아이의 이름에 있지 않다. 이미지에서 결정이 난다. 그리고 그 이미지는 오랫동안 각인되고 쉽게 변하지 않는다. 아이는 끊임없이 어른들에게 자기 이미지를 남기려고 발버둥쳐댄다. 심지어 문제적 이미지를 통해서라도 자기 존재를 드러내고 싶어 한다.

그들이 원하는 건, 문제를 해결해달라는 요청이 아니라 이미지를 기억해달라는 부탁이다. 존재하고 싶어서 목소리를 높이는 것일 뿐, 문제를 일으키고 싶은 것이 아니다. 굳이 네가 문제를 일으키지 않아도 너의 존재함을 기억한다는 믿음을 주지 않는 한 아이는 끊임없이 문제를 만들어낸다. 그래야 자신이 살아 있고, 누군가에게 존재함으로 각인되기 때문이다.

한 학생이 상담 중 이런 말을 던졌다.

"존재감이 없으면 차라리 죽는 게 낫죠."

존재감에 대한 이야기를 죽는다는 것과 연결해 아무렇지도 않게 툭

내뱉는 아이들, 그들에게 존재감은 목숨보다 더 소중한 듯 보인다.

그렇게 소중한 초등 존재감에 대해 우리는 아는 게 거의 없다. 그 출발점을 이렇게 시작하고 싶다. 내 자녀에 대한 천부적인 이미지가 선명하게 각인되어 있지 않다면, 부모는 아직 자녀에게 존재감을 부여하지 않은 것이다. 부모 욕망의 잔재로만 기억할 뿐, 그 이상도 그 이하도 아니다.

초등 교실에서는 매일 승부가 펼쳐진다

어떤 식으로든 나는 선생님이나 급우들한테

내 자신의 존재를 알리려고 애썼다.

◆

이순원 등, 《수업》

"우와, 좋겠다!"

아이들이 친구를 부러워하면서 내뱉는 말을 교실에 앉아 있으면 심심치 않게 듣게 된다. 대체로 부모가 무언가를 사주거나 해줄 때, 그것을 자랑삼아 드러내는 순간 주변 친구들에게서 들을 수 있는 감탄의 표현이다.

"좋겠다. 우리 엄마는 최신 스마트폰 안 사주는데…."

"좋겠다. 우리 아빠는 일요일도 바빠서 나랑 놀이공원 같은 데 잘 안 가는데…."

가정에서 부모가 이런 말을 듣는다면 매우 난감해진다. 마치 죄인이라도 된 듯, 미안한 마음에 대신 무언가 보상을 해주어야 할 것 같은 압박감을 느낀다. 결국 스마트폰을 사주거나, 아빠는 사람들이 한창 붐비는 공휴일에 날을 잡아 놀이공원을 함께 간다. 그리고 더욱 지친 일상으로 돌아온다.

그렇게 해도 초등 자녀는 불만이 많다.

"스마트폰 또 새로 나왔다고 하던데….."

"오늘 거의 줄만 서다가 끝났네."

"놀이공원에서 먹은 돈가스 별로야. 학교 앞 분식점이 훨 낫다."

이런 말을 듣기 일쑤다.

부모가 모르는 것이 있다. 최신의 무언가를 사주지 않는 것에 대한 아쉬움, 주말에 함께 놀이공원에 가지 않는 것에 대한 불만은 초등 아이가 그리 심각하게 생각하는 고민이 아니다. 그 순간만 아쉬울 뿐 지나고 나면 금방 잊어버리는 사소한 문제들이다.

아이들도 알고 있다. 최신형 스마트폰을 들고 다니는 친구들보다는 키즈 폰이나 폴더 폰을 가지고 다니는 아이가 더 많고, 주말마다 놀이공원이나 캠핑에 데려가기보다는 집에서 낮잠을 자는 아빠가 더 많다는 사실을 말이다.

단지 그 와중에 조금 더 무언가를 누리는 친구가 부럽다고 말할 뿐이다. 자신도 누리면 좋지만, 못 누린다고 심각한 우울에 빠지는 것도 아니다. 학교에서는 훨씬 더 재밌게 놀 방법이 많기 때문이다. 또 내가 가진 물건이나 부모로부터 받는 혜택보다 더 중요하게 생각하는 것이 있기 때문이다.

바로 자신을 인정해주는 듯한 '시선(視線)'이다.

아이들이 학교에서 정말 부러워하는 친구는 엄마에게 좋은 물건을 받거나, 아빠가 매일 놀아주는 아이가 아니다. 학교는 선생님과 친구들이라는 타인과 마주하는 조그만 사회다. 어차피 엄마아빠는 학교에 없다. 엄마아빠 없이 학교에서 즐겁게 놀아야 한다는 사실을 그들도 안다. 그래서 저학년을 지나 중학년(3~4학년), 고학년(5~6학년)이 될수록 아이들의 대화에서 엄마아빠라는 단어는 사라진다.

'우리 엄마는 말이야….'

'우리 아빠는 말이야….'

이런 말을 입에 달고 살면 친구들이 점차 거리를 두기 시작한다. 학교에서의 쉬는 시간, 점심시간에 그런 말은 전혀 필요가 없다. 타인에게 시선을 받는 인정(認定)이 필요하다. 그래서 아이들은 승부에 집착한다. 일단 이겨야 인정받을 수 있다고 생각한다.

그래서 아이들이 정말 부러워하는 것은 '탁월한 게임 능력'이다. 정확하게 표현하면 '놀이에서 이기는 능력'이다. 특히 남학생은 승부가 결정되는 놀이가 아니면 거의 흥미를 느끼지 못하는데, 그것은 타인에게 인정받을 기회가 없는 놀이는 의미가 없기 때문이다. 여학생에게는 승부가 큰 변수가 되지 않는 듯 보이지만, 내면에 감춘 질투심은 이미 승부의 세계를 넘어선 경우가 많다.

부모의 도움이나 조력 없이, 친구들과 놀이를 통해 독보적으로 우월한 위치에 섰을 때, 초등학생들은 그러한 존재를 진심으로 부러워한다. 우리 반에서 가장 달리기를 잘해 운동회 날 계주 대표로 뛰어 멋지게 역전승을 펼치는 단 한 명은 부러운 수준을 넘어 '영웅'이 된다. 춤을 잘 추거나, 노래를 잘 부르거나, 악기를 기막히게 연주하는 학생도 같은 부류에 속한다.

그런 승부의 세계에서 벗어나 조용히 혼자 책상에서 '종이접기'를 하는 아이도 사실은 말없는 '승부'를 겨루고 있다. 멋진 종이학이 완성되는 순간, 주변 친구들이 모두 인정해준다. 심지어 어떤 아이는 종이를 여러 장 접어 합체를 해가며 불을 뿜어낼 것 같은 공룡도 만들어낸다. 그러면 그 게임에서는 누구도 도전할 엄두를 내지 못한 채, 부러운 듯 말을 건넨다.

"그거 나도 하나만 만들어줘라."

윤서가 있었다. 3학년까지는 별로 친구들에게 존재감이 없었다. 워낙 내성적이었던 윤서는 친구들에게 먼저 다가가지 않았다. 누군가 말을 걸지 않는 이상 다른 아이들과 노는 모습도 보기가 어려웠다. 그러던 윤서가 4학년이 되어 친구들에게 둘러싸이는 날이 많아졌다. 윤서가 직접 만든 미니북을 빌리기 위해서였다. 윤서는 친구들이 서로 먼저 빌려달라고 아우성치는 모습을 보며 매우 만족스러운 듯 순서를 정해주었다.

윤서는 짧은 스토리가 있는 만화를 잘 그렸다. 4쪽, 5쪽짜리 작은 미니북 만화를 제작했는데 점차 인기가 많아지자 시즌 3까지 만들었다. 수업시간에 윤서의 만화책이 학생들 책상 밑으로 몰래 돌아다니며 읽힐 정도였다.

초등학생에게 학교에서의 존재감이란 부모의 인정을 넘어 친구 그리고 선생님의 바라봄이 자신을 향하고 있을 때 형성된다. 보통 주목할 만한 능력이 있을 경우 이런 식으로 시선이 모아진다.

그래서 많은 아이가 시선을 끌기 위한 방편을 찾는다. 놀이에서 승리하려 한다거나, 자신이 조금이라도 다른 아이들보다 낫다고 생각되는 행동을 한다.

걱정이 되는 부분은 몇 번 시도를 했으나 그러한 경쟁에서 늘 뒤처지는 경험을 하는 학생들이다. 단지 반복된 실패 경험으로 끝나는 것이 아니라 자신의 존재까지 그러한 위치로 단정 짓는 학습적 무기력이 문제다.

안타깝지만 이 경우 부모의 위로도 별반 힘이 되지 않는다. 아이는 부모에게 그러한 위로를 받는 순간 더 짜증을 낸다.

"그건 엄마니까 그렇게 생각하는 거구!"

내게 능력이 없어도, 그리고 반드시 승부에서 이기지 않아도 존재감을 느낄 수 있도록 돕는 것이 교사와 부모의 존재감 교육이다. 존재감은 능력이 아니라, 현존하는 것만으로도 인정받을 수 있을 때 생긴다. 그 첫 출발은, 타인으로부터 아주 작고 사소한 일상생활에서도 인정받는 듯한 시선을 받는 것이다. 특히 경쟁에서 뒤처지는 모습을 보이는 아이일수록 실패와 상관없이 아이가 나름 만들어놓은 결과물에 관심 어린 눈빛을 보낼 필요가 있다.

쩌는 존재감이 최고다

우리는 각자가 가진 언어만큼의 세상을 본다.

◆

고영성, 김선, 《낭독혁명》

 쉬는 시간이었다. 평소 욕도 거의 하지 않고 모범적이던 재현이가 갑자기 이런 말을 내뱉었다.

"와~ 쩐다."

처음 그 말을 들었을 때, 난 누구 욕을 하는 줄 알았다. 그래서 재현이를 불렀다.

"그런 욕을 하니 듣기에 참 거슬리는구나. 선생님은 재현이가 그런 말을 하지 않았으면 좋겠어."

재현이는 이상하다는 듯 대답했다.

"선생님, 욕하는 거 아닌데요. 다른 애들도 다 '핵~ 개~ 쩐다'고 하는데요."

그래서 재현이에게 그게 무슨 뜻이냐고 물었더니 어떻게 그런 말도 모르냐는 듯 대답한다.

"완전 엄청난 메가 에너지를 쏠 것같이 대단한 거 하면 그렇게 말하는 거예요."

그래도 말을 좀 더 부드럽게 할 필요가 있다는 조언을 덧붙이려다가 멈추었다. 부드러운 표현만으로는 아이들이 당장의 느낌을 충분히 드러내지 못할 것을 알기 때문이었다. 재현이가 풀어서 설명을 해주었지만, 그래도 '쩐다'는 느낌에 익숙해지려면 내게도 시간이 필요했다. 지금은 일단 욕은 아님을 확인하는 수준에서 재현이를 돌려보냈다.

어른이 보기에 생소하고 거칠어도 아이들 간에는 전혀 욕이 아닌 언어들이 많다.

초등 아이와 어른의 일상 언어에는 큰 간극이 있다. 그런데 어른은 그 간극을 권위로 쉽게 부수고 다가갈 수 있을 거라고 자주 착각한다. 그러면서 앞의 사례 같은 경우 간단히 혹은 엄하게 지시한다. 그런 안 좋은 말 대신 순화된 말을 쓰라고 말이다.

하지만 초등학생들은 순화된 말로는 도저히 내면을 다 표현해낼 수 없어 매우 답답해한다. 자신의 감정을, 더 나아가 가슴 깊은 곳에서 표현하고 싶은 무언가를 내뱉을 적당한 언어가 없음은 지극히 외로운 일이다. 마치 무덤 속에 표현하지 못한 내면을 묻고 흙을 덮어버리는 수준이다.

그래서 교실 안에서 자주 알아듣지 못하는 단어들이 귀에 들려오지만 일단 욕이 아니라면 모르는 척하고 지나가준다. 어른의 정형화된 언어로 섣불리 바꾸려들기보다 일단 그들만의 언어를 통해 내면의 뭔가 모를 느낌을 표현해낼 기회를 주는 것이 우선이다. 그것이 아이들을 더욱 생동감 있게 만들어준다.

그런 관점에서 아이의 표현 자체에 귀 기울이고 기다리다 보면 어느새 교사인 나조차도 그들의 언어를 자연스럽게 쓸 때가 있다. 이제 나도 입에 붙은 말이 있다. 바로 "헐~"이다.

오랫동안 '쩐다'는 표현을 아이들이 교실에서 자연스럽게 입에 올리는 상황을 보면서 어느 날 갑자기 나도 그 말의 진짜 의미를 알게 되었다. 그 순간 나도 모르게 기쁨의 미소를 지었다. 긴 터널을 빠져나온 기분이었다. 늘 이해하기 어려운 존재처럼 보이던 아이들에게 아주 조금 다가간 순간이다.

'쩐다'는 그저 '대단하다'는 의미만이 아니었다. 몇 가지가 덧붙여져 있다. 어른이 이해하게 설명하려면 그들의 행동과 표정 그리고 상황을 다 늘어놓아야 하지만, 최대한 단순화해보고자 한다. 도식화하면 더 빠르게 다가올 것 같아 수학공식처럼 정리해보았다. '쩐다의 공식'이라고 이름도 붙여보았다.

쩐다의 공식

$$\frac{대단함 + 놀라움 + 부러움}{대상(ex\ 친구)} = 쩐다!$$

일종의 감탄사이며, 종교적 언어로는 '찬미'에 가까운 수준이다. 하지만 동시에 비아냥거리는 말투로 사용하면 거의 '저주'와 비슷한 주술과도 같은 레벨이다.

정작 중요한 것은 그 말을 듣는 대상이다. 그 대상이 되려면 대단함만으로는 부족하다. 놀라워야 하고 더불어 부러움의 상징이 되어야 한다. 수학 분수의 개념에 가분수가 있다. 분모보다 분자가 더 큰 분수다. 쩐다의 레벨에 올라가려면 앞의 공식이 가분수가 되어야 한다. 즉 어떤 대상에 대한 대단함, 놀라움, 부러움이 복합적으로 동시에 높아야 가능하다.

그 말을 듣는 아이가 '찬미'의 대상이든 '저주'의 대상이든 하나의 공통점이 있다. 존재감은 확연히 인정받는다는 사실이다. 어떤 아이가 학급에서 다른 급우에게 정말 '쩌는 존재감'으로 표현된다면 그 아이는 대단함과 놀라움과 부러움을 한번에 받는 대상이다. 그들은 어떻게 급우들 사이에서 그런 위치에 오를 수 있었을까?

창석이라는 남학생이 있었다. 친구들에게 매너가 좋고 공부도 제법 했다. 말이 많은 편은 아니었으나 창석이의 한마디는 늘 아이들이 귀담아들게 하는 흡입력이 있었다. 진지한 듯하면서도 가끔 뜻하지 않게 튀어나오는 유머감각이 돋보였다. 몇몇 여학생이 창석이를 마음에 품은 모습도 보였다. 뭐랄까? 옛날 영국의 비틀즈가 정장을 입고 기타를 치면서 노래를 부를 때 많은 팬이 호응해주던 모습에 비유할 수 있었다. 그야말로 '은근히 쩌는 존재감'을 지닌 아이였다.

그저 반듯하기만 한 범생이 스타일로는 아이들 사이에서 존재감이 높을 수 없다. 그냥 공부는 좀 하는 아이일 뿐이다. 창석이는 모범적이면서도 범생이가 아니었다. 그런 창석이를 보면서 늘 궁금해했다. 비결이 뭘까? 어른으로서도 본받고 싶을 정도였다.

반면에 정말 튀려고 안달하는 아이들도 있다. 그렇게 해서라도 '쩌는 존재감'의 위치에 등극하고 싶어 수시로 튀쳐나온다. 그런 모습이 지나칠 때 오히려 보는 이의 미간을 찌푸리게 한다. 하지만 정작 자신은 그러한 반응마저 애정과 관심이라고 착각하는 듯, 아랑곳하지 않고 계속 경계선을 넘는다.

나중에 창석이를 좀 더 찬찬히 지켜보다가 알았다. 튀려고 안달하지 않으면서도 동시에 범생이에 안주하지 않는, 바로 늘 경계선 근처에 머무는 게 비결이었다. 어쩌다 한 번씩 경계선을 무리하지 않게 살짝, 마치 기타줄을 튕기듯 건드리는 수준으로 넘나들었다. 타인을 깎아내리지 않고 동시에 눈살을 찌푸리게 하지도 않는 가끔씩 튀어나오는 유머감각은 창석이가 '쩌는' 존재감을 가지도록 만들어주었다. 모범적이면서도 갑작스레 돌발되는 위트는 경계선에서 작은 일탈을 일으키며 해방감을 안겨주었다.

내 자녀가 쩌는 존재감으로 등극하게 하려면 경계를 살짝 넘나드는 적당한 위트감을 심어주어야 한다. 그건 가르쳐준다고, 학습을 통해 얻어지는 것이 아니다. 위트가 통용되는 분위기에서만 가능하다. 적당히 순화된 것을 강요하는 집단에서는 만들어지기 어렵다.

오버액션은 오히려
존재감 없음이다

그대는 알아들을 수 없는 큰 소리로

이토록 무서운 노래를 부르고 있는 게요?

◆

아이스킬로스, 《아가멤논》

가끔, 아주 작고 사소한 일에도 목소리를 높이는 아이를 본다. 꼭 화가 날 때만 목소리를 높이는 것이 아니다. 그냥 웃으면서도, 가위바위보를 하면서도, 달리면서도, 밥을 먹거나 일상 대화를 나누면서도, 심지어 비밀 이야기라고 속닥이면서도 교실 전체가 들리도록 큰 소리로 말한다. 무엇이 그 아이가 자꾸 목소리를 높이도록 이끄는 걸까?

6학년, '빛나리'라는 학생이 있었다. 나리가 있으면 교실이 갑자기

시장통으로 바뀌었다. 나리는 교실 문을 들어오기 전부터 존재감이 느껴졌다. 복도에서 크게 웃으며 다가오고 문을 밀어버리듯이 열어젖히고 교실로 들어온다. 그다음 자신의 자리로 가는 그 짧은 시간 동안 어떤 이야기든 큰 소리로 해서 교실에 있던 대부분의 아이들이 고개를 돌려 자신을 보게 만든다.

매년 새로운 학급을 맡으면서도 우리 반에는 변치 않는 시간 규칙이 하나 있다. 바로 아침에 등교하여 교실에 들어오는 순간 아침독서를 시작하는 것이다. 수업시작 30분 전에 들어오는 학생은 30분간 아침독서를 하고 10분 전에 등교하는 학생은 10분간 하게 된다. 각자 가정마다 등교 상황이 다르기 때문에 시간 자체를 몇 시부터라고 규정하지는 않는다. 단지 아침에 교실로 들어오는 순간부터 아침독서를 시작한다는 게 규칙이다. 물론 선생님인 나도 아무리 하루 업무가 많아도 마찬가지로 교실에 들어오면 책상에 앉아 책을 펼쳐놓고 읽는다. 대부분 새학기가 시작되고 일주일 정도면 이 시스템에 적응한다. 어떤 학생은 아침독서를 위해 평소 관심이 가는 분야의 책을 늘 두어 권씩 책가방에 넣어 다니기도 한다.

하지만 빛나리 학생은 달랐다. 교실 문을 열고 들어오면서 바로 큰 소리로 그날의 이슈를 펼쳐놓았다. 그러면 책을 읽던 다른 학생들이 고개를 돌리고 응답을 했다. 어떤 날은 인기 연예인의 기삿거리를, 어떤 날은 다른 반 친구의 소문거리를 꺼내놓았다. 어떤 경우든 아침독서를 하는 학생들의 주목을 끌기에 충분했고, 잠시 후 교실은 어수선해지기 일쑤였다. 빛나리를 불러 그런 이야기는 쉬는 시간이나 점심시간에 친구들과 실컷 수다로 떨고, 아침독서 시간에는 책 읽기에 몰두하는 친구들에게 방해가 되지 않도록 해달라고 말했지만 아무 소용이 없었다. 다음 날이면 어김없이 똑같은 일이 반복되었다.

고민이 되었다. 아침에 등교하면 일단 잠시라도 독서에 푹 빠지게 하고픈 교사의 개인적인 바람을 모든 학생들에게 강요했던 것은 아닌지…. 빛나리의 경우 아침에 등교하자마자 친구들과 즐겁게 이야기하는 것으로 하루를 시작하고 싶은 열망이 가득한데, 그러한 요구를 담임 교사의 교육적 의도라는 이름으로 계속 주의를 주며 막는 것이 옳은지의 고민이었다. 그렇다고 빛나리에게만 아침독서를 예외시켜주기도 형평성에 맞지 않는 처사였다. 명확한 확신이 들지 않는 경우 일단 기존 시스템을 유지하면서 좀 더 관찰해야 한다. 고민을 끌어안고서 지켜보기로 했다.

아침독서 시간뿐 아니라 쉬는 시간, 점심시간, 수업시간 빛나리를 중심으로 바라보았다. 그리고 한 가지 사실을 발견했다. 빛나리의 액션이 다른 학생에 비하여 좀 지나치다 싶을 정도로 크다는 것이었다. 단순히 목소리만 큰 것이 아니었다. 심지어 본인이 하는 이야기에 친구들이 집중을 잘하지 않을 경우 옆구리까지 장난스레 찔러가며 귀를 기울이게 하였다. 다른 친구가 이야기의 흐름을 끊고 들어오면 금방 표정이 바뀌었다. 그리고 어느새 말의 주도권을 자신에게로 복귀시켰다. 심지어 누군가 재미있는 이야기로 친구들을 웃기기라도 하면 함께 웃는 것이 아니라 불안한 모습을 보였다. 결국 빛나리는 이야기를 즐기는 아이가 아니었던 것이다.

빛나리는 친구와 즐겁게 이야기를 나누며 행복을 느끼지 못했다. 빛나리가 원하는 것은 주변의 시선이었다. 누군가 자신을 바라봐주기를 갈망했다. 단 한 명이라도 자신을 지속적으로 바라봐주지 않으면 불안해하고, 어찌할 바를 모르는 어린아이 같은 모습이었다. 그러한 빛나리에게 아침독서는 가장 큰 불안을 유발하는 시간일 수밖에 없었다. 교실 문을 들어 섰는데 아무도 자신을 바라봐주지 않고 책에 시선을 두고 있는 모습과 마주하는 순간은 빛나리에게 견디기 어려운 시간일 수도 있겠다는 판단이 들었다. 그러한 불안을 먼저 제거해주어야 했다.

다음 날 아침, 복도에서부터 부산하고 시끄럽게 큰 목소리로 떠들면

서 빛나리가 다가오는 것을 느끼는 순간, 나는 자리에서 일어나 문가로 갔다. 그리고 문을 열고 들어올 때, 빛나리에게 시선을 주며 먼저 큰 소리로 오버하듯 이름을 불렀다.

"오~ 우리 빛나리! 네가 왔구나. 어서 와라, 우리 빛나리."

빛나리는 순간 뭔가 약간 부담되지만 나의 말투와 시선에 기분이 나쁘지는 않다는 듯한 표정을 지으면서 자리로 걸어가 앉았다. 그리고 아침독서에 읽을 책을 꺼내 펼쳤다. 나는 한술 더 떠서 빛나리에게 다가가 펼쳐놓은 책의 제목을 보며 큰 소리로 말했다.

"오~ 우리 빛나리! 이렇게 좋은 책을 보는구나."

순간 다른 아이들의 시선이 빛나리의 책에 모였다. 빛나리는 만족한다는 듯 주변의 시선을 외면하는 척하며 책장을 넘겼다. 그리고 수업 시작 전까지 조용히 책을 읽었다. 더 이상 큰 목소리로 주의를 끌 필요가 없었다. 등교하자마자 누군가에게 말을 걸지 않아도 담임의 오버액션과 약간 버터 바른 느끼하고 큰 목소리가 자신에게로 향했고, 친구들의 시선이 자신의 책에 오버랩되는 순간 빛나리는 잠시나마 불안을 내려놓고 책에 몰두할 수 있었다.

우리가 착각하는 것이 있다. 스스로 존재감이 없거나 약하다고 생각하는 아이는 대부분 의기소침하고, 말이 없고, 소심할 것이라고 예상하는 것이다. 하지만 아이들마다 '존재감 없음'은 각기 다른 양상으로 나타난다. 빛나리의 경우 큰 목소리, 오버액션, 그리고 이야기의 주도권을 어떻게든 획득함으로써 자신의 존재감을 유지했다. 그러면서 자기도 모르는 사이 사실 많은 에너지가 필요했고 또 소모하고 있었다. 이렇게 불안감으로 인해 인위적으로 무언가를 매사 끌어당기려 할 때, 아이들은 몸이 아프기도 한다. 빛나리는 자주 두통을 호소했다. 그렇다고 보건실에서 초등학생에게 매번 두통약을 제공하지는 않는다. 열이 높거나 심한 두통이 아니면 대부분 잠시 쉬게 하고 돌려보낸다. 빛나리가 그런 경우였다. 안쓰러웠다.

담임교사로서 해줄 수 있는 최선은 빛나리가 누군가의 시선을 자신에게로 돌리려 애쓰기 전에, 내가 먼저 그의 이름을 최대한 크게 그리고 자주 불러주는 것뿐이었다.

부모로서 내 자녀의 목소리가 크고, 주변의 시선을 한몸에 받고, 주도권을 쥐고 있는 듯 보인다고 마음 놓지 않기를 바란다. 내 자녀는 지금 존재감 없음을 두려워하면서, 사용하지 않아도 되는 에너지를 소모하고 있는지도 모른다.

자기중심성부터
충분히 누려야 한다

~~~~~~

잘 있거라, 짧았던 밤들아

〈중략〉

잘 있거라, 더 이상 내 것이 아닌 열망들아.

◆

기형도, 〈빈집〉

슈퍼맨, 스파이더맨, 배트맨, 엑스맨, 아이언맨⋯.
초등학생이 좋아하는 할리우드 영화 속 주인공들이다. 아니, 단순히 주인공을 넘어 영웅으로 등장한다. 그들에게는 특별한 능력이 있다. 보통 때는 감추고 있지만 위기의 순간 갑작스레 그 능력을 발휘해 문제를 해결하고 조용히 일상으로 돌아온다. 일반적으로 사랑하는 누군가가 인질이 되는 경우가 많고 그 사람을 구하기 위해 자신의 존재를 드러낸다. 마지막은 사랑하는 사람과 행복해진다.

초등 교실에서의 영웅은 양상이 다르다. 아직 영웅의 경지에 이르지 않은, 아주 사소한 자랑거리라도 일단 그 능력을 드러내려고 엄청나게 노력한다. 하지만 주어지는 문제를 해결하기보다 못하는 상황이 더 많다. 그러한 과정 중 사랑까지는 아니어도 평소 친한 친구가 도움을 요청하면 어느새 자신의 능력을 감춘다. 마지막은 배신자라는 낙인과 함께 절교한다.

이런 양상은 사실 초등학생에게 지극히 당연한 수순이다. 영유아기를 벗어났다고 해도 '자기중심성'은 거의 그대로인 경우가 많아 아이들은 타인의 잘못에 관대하지 않다. 누군가 잘못하면 바로 와서 선생님께 이른다. 이것은 잘못한 친구가 정말 과오를 뉘우치고 올바른 길로 가기를 바라는 마음에서 달려오는 것이 아니다. 그 친구는 잘못을 했고, 자신은 잘못을 저지르지 않은 착하고 바른 아이라는 것을 알려주기 위해서다. 능력적으로 뛰어나지는 못해도 적어도 잘못은 저지르지 않는 작은 영웅임을 어떻게든 드러내고 싶어 한다. 그러한 초등 아이에게 상대방의 마음도 공감해주어야 한다고 설명하는 것은 거의 아무 소용이 없다. 나중에 자신이 잘못을 저지르면 그 친구가 선생님께 달려가 고자질할 것임을 알기에, 한 번이라도 더 타인의 잘못을 많이 이야기하는 것이 이익이라는 단순한 계산이 팽배하다.

3학년 시우와 우영이가 있었다. 두 친구는 교우관계 설문조사에서 친한 친구의 이름에 서로를 적고 자주 같이 논다. 그런데 하루에 서너 번씩은 나를 찾아온다. 첫마디는 항상 똑같다.

"선생님, 시우가요~ 나한테 욕했어요."

"선생님, 우영이가요~ 내가 만든 비행기를 먼저 맘대로 날렸어요."

쉬는 시간마다 같이 놀면서 거의 쉬는 시간마다 서로를 탓하며 나에게 달려오는 두 아이를 불러놓고 하루는 이렇게 물어보았다.

"시우야, 우영아, 너희 둘 정말 친한 거 맞니? 쉬는 시간마다 싸우느라 놀이도 못하고… 그 시간이 너무 아까울 것 같은데 당분간 둘이서 말고 그냥 다른 친구들이랑 노는 건 어떻게 생각해?"

하지만 시우와 우영이는 서로를 한 번씩 보더니 그냥 같이 놀겠다며 뒤돌아서 가버렸다. 궁금했다. 그토록 매번 서로에게 투덜거리면서도 결국에는 함께 놀겠다는 그들은 어떤 관계일까?

얼마 지나지 않아 알게 되었다. 시우와 우영이는 서로가 서로에게 가장 만만한 상대였다. 상대가 너무 쉬워도 흥미가 없었고, 너무 능력자여도 재미가 없었다. 서로 적당한 논리력과 대등한 근력, 비슷한 체격, 결정적으로 자기중심적인 면모도 비슷한 수준이었다. 둘은 수시로 상대방을 넘어서려 했고, 그러면서 한 번이라도 더 자신이 능력자임을 서로를 통해 확인하려고 했다. 어른이 보기에는 오십보백보이지만, 그들에게는 순간순간 작은 차이를 만들어냄으로써 어떻게 해서든 자신의 존재를 드러내는 데 상대방을 이용하고 있었다. 그 핵심에는 '자기중심성'이 존재했다.

초등 교육에서 '자기중심성'은 벗어나야 하는 숙제로 여겨졌다. 자신을 중심으로 하는 사고에서 빠져나와 타인을 의식하고 더 나아가 사회라는 복잡한 관계성 안에서 누군가에게 적당히 피해를 입히지 않는 위치로 자리 잡게 하려 했다. 그러한 과정에 규칙이라는 용어를 통해 적절한 통제를 한다. 통제를 잘 따르는 아이는 모범생이라는 이름이 붙고, 아직 통제에 미숙하거나 잘 따르지 않으면 수시로 개입하며 이를 없애야 하는 습관 중 하나로 각인시킨다.

하지만 우리가 간과하는 것이 있다. 누구에게든 충분한 '자기중심성'의 시간이 필요하다는 점이다. 이것은 '자아(自我)'가 뿌리를 내리는 시간을 보장해주는 것과 같다. '자기중심성'은 누구에게나 이미 선험적(先驗的)으로 존재한다. 철학에서 '선험적으로 존재한다는 것'은 바꾸어 표현하면 아직 사유를 통해 판단되지 않은 상태를 뜻한다. 즉 '자기중심성'은 지극히 자연스럽게 의식에 앞서 자기 존재를 드러내는 데 사용되는 최초의 방법인 것이다. 안타깝게도 그동안 교육 철학의 역사는 이러한 '자기중심성'을 아직 미숙하고 어리석은 모습으로 전제한 채 시작되었다. 결국 최대한 빨리 '자기중심성'에서 벗어나게 만들어주는 것이 초등 교육의 큰 과제로 인식되어왔다. 하지만 그 결과는 그리 밝지 않은 모습으로 나타났다.

'자기중심성'을 충분히 누려보지 못한 아이는 대신 타인의 욕망을 자기중심으로 착각하거나 혹은 짊어진 채 초등 시기를 보낸다. 자신에게 시선을 돌려 행동하고 말하는 과정을 보일 때마다 혼이 난 무의식은 '자기중심성'을 죄의식과 함께 묻어버리거나 감추어버린다. 자연스럽게 그것이 떠오를 때마다 주문을 건다.

'그건 나쁜 거야. 나쁜 거야. 나쁜 거야.'

시우와 우영이가 매일 '자기중심성' 안에서 의견 대립으로 다투면서도 서로를 친구라고 여기는 이유는 바로 '중심성의 유지'에 있었다. 표면상 자기를 더욱 중심에 두고 상대방을 비방한 듯 보이나, 그들은 비슷비슷한 수준으로 서로 주고받으면서도 '자기중심성'을 적당히 유지해가는 외줄타기를 했다. 그렇게 '자기중심성'을 바라보며 존재를 매순간 확인할 수 있었던 것이다.

가끔, 초등 저학년임에도 타인에게 깊은 이해나 배려를 하는 아이를 볼 때가 있다. 교사로서는 문제를 만들지 않기에 그런 아이가 예쁘거나 혹은 편하다고 느낀다. 하지만 나는 안타깝고 불안하기도 하다. 의식하지 못해도 자연스레 드러나야 하는 '자기중심성'이 얼마나 무거운 추로 눌러졌기에 저렇게 반듯한 모습으로 초등 저학년을 보내고 있을까 하는 걱정 어린 시선이다. 간혹 그런 아이들을 살짝 흔들어 '자기중심성'을 깨워보려 질문을 던지지만, 이미 딱딱하게 굳어버린 아이가 많다. 그들은 이렇게 말한다.

"엄마한테 한 번 전화해서 물어볼게요, 그렇게 해도 되는지….”

존재감은 스스로 존재하지 못한다

내가 그의 이름을 불러주었을 때

그는 나에게로 와서 꽃이 되었다.

◆

김춘수, 〈꽃〉

 이승욱 정신분석가는 저서 《포기하는 용기》에서 이렇게 말한다.

"존재는 응시에 의해 조각된다."

내가 존재함을 느끼기 위해서는 타인의 '바라봄'이 반드시 선행되어야 한다는 의미다. 그만큼 인간은 나약하다. 스스로 존재함을 자각하기에 한없이 부족하다.

한 아이가 태어났을 때, 그 아이를 지극한 눈으로 바라봐주는 눈동자가 없다면 아이는 스스로를 존재한다고 여기지 않는다. 정확히 표현하면 자신이 존재함을 느낄 수가 없다.

　형석이라는 아이가 있었다. 처음에는 담임인 나와 눈동자를 맞추지 못했다. 애써 시선을 주어도 긴 머리카락으로 눈을 덮어버리고 고개를 숙였다. 일부러 쉬는 시간에 심부름을 시킨다는 빌미로 이름을 불러도 대답 없이 다가왔다. 단순히 부끄러움을 많이 타는 아이들은 표정을 보면 바로 드러난다. 부끄러움에 고개를 돌려도 미소와 함께 흘끗흘끗 담임을 쳐다본다.

　하지만 형석이는 달랐다. 아무런 표정이 없었다. 그렇다고 귀찮아하는 모습도 아니었다. 단지 누군가와 시선을 맞추는 것에 익숙하지 않는 듯했다.

　그래도 몇몇 친구들과는 즐겁게 이야기도 하고 같이 놀려고 했기에 잠시 마음이 놓이기도 했지만, 그리 지속적이지는 못했다. 어느 순간 보면 고개를 숙인 채 책상에 혼자 가만히 있었다. 늘 머리카락이 눈앞을 가렸다.

　한 번은 형석이 짝꿍이 내게 말했다.

　"선생님, 형석이 울어요."

　사회 수업이었고, 여느 때처럼 고개를 숙인 채 있었기에 나는 전혀 우는지 몰랐다. 아이들은 누군가 눈물을 흘리면 매우 심각하게 여긴다. 형석이 짝꿍은 사회책 위로 떨어지는 눈물방울들을 보고서 다급하게 그 사실을 알렸다. 순간 교실의 모든 아이들이 형석이를 바라보았다.

한 번에 몰린 시선이 부담 가는 듯 형석이는 책상에 그대로 엎어졌다.

수업을 멈추고 다가가 말을 걸어보았지만, 아무런 대답도 하지 않았다. 흑흑거리는 소리와 함께 코를 훌쩍이기만 했다. 짝꿍에게 형석이와 함께 화장실에 다녀오라고 했다. 잠시 집중되는 시선을 피하게 하기 위해서였다. 짝꿍이 팔을 잡자, 형석이는 일어나 화장실로 향했다. 형석이가 교실 밖으로 나간 후 학생들에게 물어보았다.

"혹시 오늘 형석이한테 무슨 일 있었는지 아는 사람?"

아무도 없었다. 누구와 싸운 것도, 놀림을 받은 일도 없었다.

점심시간, 교탁에 앉아 먹는 둥 마는 둥 점심을 먹고서 형석이를 살펴보았다. 눈물은 그쳤지만 식판에서 밥과 국물만 조금씩 떠먹고 있었다. 반찬은 아무것도 먹지 않았다. 다른 아이는 어느새 형석이의 눈물은 잊어버린 듯, 운동장에서 혹은 교실 한 편에서 시끌벅적 놀기에 바빴다. 시끄러운 교실에서 형석이는 마치 혼자 멈춰버린 동상처럼 힘없이 숟가락을 들고 있었다.

형석이를 부를까 하다가 말없이 다가갔다. 억지로 눈을 마주하고 대화하는 것은 불가능해 보였다. 내가 할 수 있는 일은 형석이의 귓가에 대고 이름을 불러주는 것뿐이었다.

"형석아, 형석아, 형석아…. 형석아… 형석아."

찬찬히 형석이의 이름을 다섯 번 불러주고, 머리카락을 쓰다듬어주고 자리로 돌아왔다. 그날 수업을 마치고 아이들이 정신없이 교실에서 나가는데 형석이가 뚜벅뚜벅 내 앞으로 걸어왔다. 혹시 무슨 말을 할까 싶어 기다렸지만, 그저 고개 숙여 인사하고 교실 문을 나갔다.

그래도 평소와 달리 더욱 깊이 고개 숙여 인사하는 걸로 내게 할 말을 대신하는 듯했다.

초등 담임을 하다 보면 욕하고 버릇없는 아이들을 마주하다가 욱하는 감정이 올라오기도 한다. 하지만 그런 일은 스트레스로 다가와도 견디기 힘들 정도는 아니다. 어느 정도 시간이 지나면 면역력이 생기듯 감정적이지 않게 대응하는 여력이 마련된다. 하지만 형석이처럼 눈도 마주치지 않고, 한마디 말도 하지 않는 아이를 볼 때면 정말 힘들다. 담임으로서 무력감까지 느낀다. 그래서 해답을 찾아보려 애쓰지만 그럴수록 더욱 진이 빠지기 일쑤다. 그럴 때는 시간을 갖고 적당한 거리를 두는 것이 서로를 위해 좋을 수가 있다.

그날 오후, 형석이 어머님과 잠시 통화를 했다. 무슨 연유인지 모르겠지만 형석이가 들키지 않으려 애쓰며 눈물을 흘렸다는 말씀을 드렸다. 어머니는 멈칫하시더니 아침 등교하는 차 안에서 아이가 너무나 굼뜨게 행동해 뭔가 모를 답답함에 큰 소리를 냈다고 말을 이어갔다. 그렇게 느려터져서 나중에 밥이라도 벌어먹겠냐는 말을 내뱉고는 본인도 오늘 하루 후회를 하셨다는 말씀이었다.

가슴이 아팠다. 왜 형석이가 말없이 혼자 눈물을 흘렸는지 그 순간 알아버렸다.

하필 오늘 사회시간에 여러 가지 직업에 대한 수업을 했다. 형석이는 스스로를 자책하며 오늘 수업 중에 나오는 어떤 직업도 갖지 못할 거라는 두려움에 한숨 섞인 눈물을 흘렸던 것이다. 밥 벌어먹는 일도 못할 존재인 자신이 한심스러웠을 것이다. 어른에게는 별일 아닌 듯 보여도, 자신을 단정 짓는 한마디는 아이의 존재감을 자멸시키기에 충분하다.

형석이 어머님께 숙제를 드렸다. 일단 학교에서 울었던 일에 대해서 캐묻거나 왜 그랬냐고 질문하지 말라고 당부를 드렸다. 그보다는 먼저 형석이에게 오늘 하루가 지나기 전에 '미안하다'는 사과를 반드시 할 것을 말씀드렸다. 그리고 최소 일주일 동안 이유 없이 형석이 이름을 자주 불러주어야 한다는 과제였다.

아이들의 존재감을 낮추고 뭉개버리는 것은 안타깝게도 한순간이면 충분하다. 그 존재감을 다시 쌓아올리기 위해서는 진심을 담은 사과와 함께, 그 사과가 진정이었음을 의심하지 않도록 자주 아이의 이름을 불러주어야 한다.

우리 초등 아이들의 눈동자를 마주하고, 잊힌 존재가 아니라는 듯 조용히 이름 불러주는 어른이 더 많아지기를 바란다.

존재는 사유 속에 머무르는 것이 아니다. 우리 아이들에게 존재감은 생존 그 이상이다.

2장

초등 자존감은
평생 간다

1년 담임의
힘으로는 부족하다

말 걸어지는 대상이라는 것은,

존재감의 확인이다.

◆

정신분석가 이승욱, 《상처 떠나보내기》

5학년 영태는 유독 장난을 좋아했다. 본인 입장에서는 장난이었지만 다른 아이는 싫어했다. 단순 반복되는 행동 패턴 때문이었다. 아무 이유 없이 한 학생의 머리를 살짝 건드린다. 그러면 상대방 아이는 쫓아가고 영태는 도망가는 식이다. 불러다 혼을 냈지만 소용이 없었다. 다음 쉬는 시간이 되면 다른 아이 옆구리를 툭 치고 도망갔다.

매일 반복되는 일상에 학생들은 짜증을 내고, 결국 아무도 영태와 놀려 하지 않았다. 그럴수록 함께 놀 친구가 없는 영태는 장난에 더욱 몰두했다. 외형상 심한 폭력은 아니었지만, 내가 보기에 그러한 행위도 지속적인 폭력의 일종이라는 판단이 들었다. 영태를 불러 단호하게 혼을 냈다.

"영태야, 너는 계속 장난이라고 하지만, 선생님이 보기에 그건 장난이 아니야. 다른 사람도 같이 즐거워할 수 있을 때 장난이지 너 혼자만 도망치는 게 재밌고, 다른 친구들은 화가 나고 짜증이 난다면 그건 장난으로 받아들여지지 않아."

하지만 아무리 단호한 어조로 말해도 영태의 귀에는 들리지 않는 듯했다. 학부모께도 상황을 말씀드렸지만, 뭐 그렇게 큰 문제가 아니라는 태도였다. 오히려 같이 놀아주지 않는 다른 친구가 좀 더 마음을 넓게 써주면 그런 습관이 없어지지 않겠느냐는 답변을 들었다. 그럴 때는 나도 더 이상 부모 상담을 깊게 들어가지 않는다. 내 자녀에게는 문제가 없고 다른 아이가 변해야 한다고 말한다면 당사자 아이가 성장할 여지는 없다.

그런 결과 앞에서 담임교사도 맥이 빠지고 더 깊게 문제의 원인을 찾아 들어갈 의지가 생기지 않는다. 어차피 결과는 '변화 제로'인데 애써 기운 뺄 필요가 없다. 그 에너지로 다른 학생의 고민 해결에 힘을 실어주는 것이 효율적이다.

아이는 교사 혼자만의 노력으로는 거의 변하지 않는다. 교사와 학부모가 한마음으로 아이에 대해 이런저런 고민을 이야기하고 문제에 집중해도 변화하기까지 긴 인내와 시간을 필요로 한다. 학급을 맡고 있는

1년 안에 변화가 생기게 하는 것도 기적인데, 그 와중에 문제의 원인을 타인에게만 돌리며 현실을 회피하는 학부모를 만날 때는 담임으로서도 방법이 없다. 그저 더 큰 문제가 발생하지 않도록 임시방편으로 조치하며 1년을 보내게 된다.

그렇게 다음 학년으로 올려 보내놓고 나면, 담임으로서 마음이 편치 않다. 다음 학년에서 또 어떤 일이 벌어질지 예상되며, 이는 어김없이 반복된다. 분명 상급 학년 담임도 같은 일을 겪는다. 갈수록 장난이란 이름의 시도가 대범해지기까지 한다.

영태가 다른 아이를 자꾸 건들면서 도망가는 이유는 짐작이 갔다. 표면상 같이 놀아달라는 표현이고 더욱 깊은 내면에는 자신을 바라봐 달라는 간청이 있다. 혹은 말을 걸어달라는 외로움의 표출이다. 하지만 아이들의 세계는 어른이 생각하는 것보다 훨씬 냉정하다. 자신에게 어떤 이익이 있을 때 관심을 가져준다. 이익은 아니더라도 뭔가 흥미 있고 재미있는 모습에 시선을 주고, 박수를 쳐주고, 웃어준다. 자신을 툭툭 치는 행위를 너그러운 마음으로 바라봐주며 인내까지 해주는 아이는 없다. 어떤 아이가 그런 인내심을 가지고 타인을 대한다면, 나는 그것도 아이답지 않은 왜곡된 자아를 지녔을 가능성이 있다고 판단한다. 초등학생이 그 정도의 너그러운 인내심과 아량을 보인다면, 타인을 위해 자신의 욕구를 희생해야 한다는 무의식적 억압을 받고 컸을 가능성이 있다.

누군가의 시선을 받고 싶다는 영태의 간절한 소망이 장난이라는 방법으로밖에 표현될 수 없었던 데에는 분명 원인이 있다. 유년시절 충분한 눈맞춤이 이루어지지 않았을 가능성이 매우 높다. 그러한 눈맞춤, 귀 기울여줌이 없을 때 자존감은 왜곡된 모습으로 나타난다. 어떻게든 자존감을 인정받기 위해 타인을 귀찮게 하고 괴롭혀서라도 자신을 보게 만들려는 시도를 멈추지 않는 것이다. 한편으로 안쓰럽다. 누군가 자신을 보고 쫓아오는 순간 영태는 자존감을 느끼고 살아 있음을 체험하는 악순환이 반복된다. 부모가 이러한 사실을 인정하고 교사는 학교에서, 부모는 집에서 아이를 바라봐주는 시간과 횟수를 늘려주는 것 말고 다른 근원적 해결방법은 없다.

이렇게 생각할 수도 있다.

학교에서만이라도 담임이 그렇게 바라봐주면 되지 않겠느냐는 생각이다. 안타깝지만 소용이 없다. 담임 입장에서는 영태뿐 아니라 피해를 받는 아이들과도 시선을 마주해주어야 한다. 영태를 위해 온전히 시선을 맞추는 행위는 오직 집에서만 가능하다. 집에서 마주함을 느끼지 못하는 아이는 학교에서 억지로 타인의 시선을 사로잡으려는 시도를 계속할 수밖에 없다.

결국 나는 특단의 조치를 내렸다. 영태가 귀찮게 하고 또 도망갔다는 피해를 입은 아이에게 더 이상 영태를 쫓아가지 말라고 했다. 그럴수록 더할 것이라고 알려주었다. 그리고 선생님이 영태를 따로 불러 혼내줄 것이라고 약속했다.

하지만 나는 영태를 부르지 않았다. 영태에게 가장 가혹한 벌은 더 이상 그런 장난을 해도 아무도 자신을 쫓아오거나 혼내는 사람조차 없음을 직면시켜주는 것이었다. 일종의 좌절체험이었다. 솔직히 가슴이 아팠다. 나는 담임으로서 영태에게 이렇게까지 단호한 외면을 하게끔 만든 학부모도 미웠다. 하지만 어쩔 수 없었다. 다른 학생에게 더 이상 피해가 가지 않아야 했고, 영태도 더 이상 그런 행동 패턴이 누군가의 시선을 잡아끌 수 없다는 사실을 자각해야 했다. 영태에게는 더없이 외로움을 느끼는 아슬아슬한 위기가 올 수 있는 부작용도 우려되었다. 장난 수준이 아닌 폭력으로 발전할 수도 있었다. 더 큰 자극으로 자신을 보게 만드는 것이다.

다행히 영태는 심하게 거친 행동은 하지 않았다. 자신의 시도가 아무 소용이 없자 나를 자주 찾아왔다. 다른 아이를 이르기 위해서였다. 요지는 아이들이 자신과 놀아주지 않는 왕따를 한다고 했다. 그럴 때마다 나는 간단히 말했다.

"누군가와 놀고 안 놀고는 본인의 선택이야. 영태야, 너와 놀지 않겠다고 선택한 아이들은 잘못이 없어. 누구도 자신을 귀찮게 했던 사람과 노는 것을 원치 않아."

그렇게 단호한 태도를 취하면서 어떻게든 자기에게 시선을 달라는 영태를 주문을 걸 듯 마주 바라보았다.

'그래, 얼마나 힘들겠니, 누군가 너를 바라봐주는 사람 없이 지내왔다는 것이.'

하지만 나의 이런 시도도 곧 끝이 났다. 영태에게는 자각하고 성찰할 시간이 부족했다.

한 학기만 더 이런 과정을 거치며 내 주문을 건 듯한 시선과 마주한다면 좋겠다는 간절함이 몰려왔지만 결국은 끝이 났다. 금방 2학기가 지나고 새 학년으로 올라가자 영태는 이전 방식으로 시선 받음을 유지할 수 있었다.

영태도 이미 알고 있었던 듯했다. 귀찮게 하는 것으로 누군가의 시선을 끄는 방법이 지금은 안 통하지만, 몇 개월 뒤 새 학급에서 다시 시도하면 된다는 것을 말이다.

자존감에 대한 느낌과 욕구에는 유통기한이 없다.

어떤 방법으로든 한 번 맛본 자존감에 대한 기억은 강렬하다. 그리고 계속 그 맛을 유지하기 위해 같은 패턴을 보인다. 아이가 따뜻하고 인자한 시선 속에서 자존감의 강렬한 경험을 처음 맛보았다면 계속 그 시선에 머무르기 위해 노력한다. 반대로 누군가에게 작은 피해를 줌으로써 자존감을 느꼈다면, 역시 이후에도 그 방법을 택한다. 자존감을 못 느끼는 것보다는 그나마 관심받는 순간이 더 살아 있다고 느끼기 때문이다.

아직도 안타깝다. 그때 영태 어머니도 집에서 함께 부적절한 행동에 대한 좌절과 바라봐주는 시선을 동시에 유지했다면, 담임교사로서 혼자 노력해야 하는 시간을 반으로 줄일 수 있었을 것이다. 누군가를 자각하게 하려면 생각보다 긴 시간이 필요하다. 교사 혼자만의 노력과 시간으로는 부족하다.

유통기한이 없는 자존감이 한스럽다. 적어도 유통기한이 있다면 담임의 시간과 노력만으로도 충분할 텐데…. 늘 학급에서는 시간의 한계를 마주한다. 1년이라는 기간이 너무 짧다. 뭔가 시작해보려 하면 끝이 난다. 안타깝게도 담임의 유통기한은 1년뿐이다.

자존감이 자기주도학습을 이끈다

~~~~~~~~~~~~~~~~~~~~~~~~~~~~~~~~~~~~~~

아이는 부모 품에서 빨리 떠나보내는 것이 좋습니다.

◆

이상화, 《평범한 아이를 공부의 신으로 만든 비법》

아이는 자유롭게 노는 것을 좋아한다. 그래서 학부모는 자녀를 학원에 보내지 않거나, 공부할 숙제를 주지 않으면 남는 시간에 무조건 다 놀 거라고 생각한다. 하지만 막상 노는 시간을 주어도 자세히 살펴보면 아이들은 뭐하고 놀지 모르는 경우가 많다. 학교에서는 그나마 친구가 있어서 자기가 어떻게 놀지 모르는 상황이라도 누군가 무슨 놀이를 하자고 제안한다. 그래서 쉬는 시간이나 점심시간에 쉴 새 없이 놀 수 있다.

하지만 집에서는 상황이 다르다. 특히 외동이거나 형제 사이에 나이 차이가 크다면 아이는 혼자서 스스로 놀 거리를 찾아 헤맨다. 그림을 그리다가, 어릴 적 선물 받은 장난감을 만지작거리다, 이것저것 조립해보다, 결국 인터넷 게임이나 휴대폰이 하고 싶어서 슬슬 부모 눈치를 살핀다. 이도저도 안 되면 그저 빈둥거리며 TV 앞에 있기 마련이다. 그나마 TV 앞에 있으면 자신을 의식할 필요 없이 텔레비전 프로그램의 흐름에 스스로를 내맡기면 되기 때문이다. 그래서 점점 더 할 일이 없다 싶으면 자기도 모르게 리모컨을 들고 어찌할 바를 모르는 시간을 채워간다.

그렇게 빈둥빈둥 시간을 때우는 모습은 엄마의 속을 답답하게 만든다. 저렇게 놀고만 있으면 안 된다는 불안을 넘어 위기의식까지 느낀다. 하지만 분명 그 아이들은 놀고 있는 것도 아니다. 주어진 시간을 죽인 채 아무것도 안 하고 있을 뿐이다. 무언가에 몰입하고 나서 쉬는 것과 무엇을 해야 할지 몰라 빈둥거리는 것에는 엄청난 차이가 있다.

공부도 마찬가지다. 가기 싫은 학원에 어쩔 수 없이 떠밀려가서 앉아 있는 것은 시간을 죽이는 것과 별반 다르지 않다. 단지 학부모 입장에서 그래도 거기 앉아 있으면 뭔가 하나라도 듣고 오겠지 하는 약간의 안심만 들 뿐이다. 나중에 뚜껑을 열어보면 정반대의 모습이 보인다. 비싼 학원비를 들이면서도 공부는 지루한 것이라는 강한 메시지만 자녀의 깊은 무의식 안에 굳건하게 자리 잡게 하는 것이다.

자기주도학습을 잘하는 아이들을 보면 노는 순간도 주도적으로 계획하여 정말 열심히 놀이에 몰두한다. 그러한 과정에서 계속 놀 거리를 제시하기에 친구들 사이에서도 자연스럽게 리더의 모습을 보인다. 그들은 노는 시간이 얼마나 소중한지 알기에 그 시간마저 낭비하고 싶어 하지 않는다. 결국 무언가 스스로 하는 능력은 매사 모든 순간에 접목된다. 놀든지, 쉬든지, 공부하든지, 주도적으로 하는 아이는 그 모든 것을 다 자기 것으로 만든다. 안타깝지만 주도적으로 놀지 못하는 아이는 주도적으로 공부하기도 어렵고, 쉬기도 어렵다. 늘 끌려 다니면서 시간을 낭비할 뿐이다. 자기주도적인 아이는 모든 것을 갖지만, 주도성을 키우지 못한 아이는 허송세월한다. 그래서 주도성은 정말 중요하다. 스스로 몰입하느냐 그렇지 못하느냐는 주도적 능력과 습관에 달렸다.

초등 중학년 이상이 되면, 한 달 안에 담임교사의 눈에 주도적으로 무엇을 하는 아이와 뭘 해야 할지 모른 채 지루해하고 있는 학생이 명확히 구분된다. 주도적인 아이라고 꼭 수업 중에 집중을 잘하는 것은 아니다. 이미 다 알고 있거나, 지금 관심을 가진 주제가 아니면 수업 중 몰래 다른 책을 펼쳐놓거나 아직 미완성인 조립품을 열심히 맞춘다. 그래도 오히려 그런 아이를 보면 마음이 놓인다. 적어도 스스로 무언가 하고 있기 때문이다. 그런 아이들에게는 자존감이 확연하다는 공통점이 있다.

자존감이 확연하다는 것은 쉽게 표현해서 '내가 지금 어느 위치에 있는지'를 안다는 것이다. 자신이 목표한 것에서 어느 정도 위치에 있고, 그렇기 때문에 무엇을 얼마나 더 해야 하는지 혹은 잠시 쉬어도 되는지를 주도적으로 결정할 수 있다. 무언가를 주도적으로 하기 위해서는 목표를 세우기에 앞서 아이 스스로 자기 위치를 살펴볼 수 있는 '메타인지'가 발동해야 한다. '메타인지'는 스스로의 인지 과정을 느끼고 아는 것과 모르는 것을 구별해 혼자 문제점을 찾아내고 해결하는 지능과 관련된 인식으로, 이를 사용하는 아이는 마치 자기 자신을 따로 떨어뜨려서 화면을 보듯이 바라볼 줄 안다.

지은이는 자기주도학습 습관이 잘 들여진 아이였다. 늘 핑크색 종합장을 들고 다니며 무언가 적곤 했다. 어느 날 쉬는 시간에 궁금한 나머지 지은이에게 그 공책을 봐도 되겠냐고 물어보았다. 잠시 망설이는 듯하다 쑥 내민 공책에는 해야 할 것과 하고 싶은 것이 나뉘어 날짜별로

적혀 있었다. 일종의 다이어리였다. 영어 학원 일정도 보이기에 엄마가 가라고 한 것인지 물었다. 학원에 다니기는 싫지만 영어는 관심이 많아서 본인이 배우고 싶은 학원을 직접 선택했다고 했다. 다른 과목은 선행하지 않았지만, 영어만큼은 하면 할수록 더 하고 싶다고 했다. 지은이는 〈해리 포터〉 영어판도 들고 다녔다. 짬이 생길 때면 어김없이 〈해리 포터〉 속으로 빠져들었다. 지은이는 크게 두 가지로 나뉘어 주도적인 생활을 이어나갔다. 그것은 '도전할 것' 그리고 '놀 수 있는 것'이었다.

이미 자존감을 갖고 있는 경우에만 자신이 무엇을 좋아하는지, 원하는지, 하고 싶은지를 알게 된다. 보통 부모는 자녀의 진로를 고민하며 아이에게 다양한 것을 권해본다. 이것저것 해보다 보면 그중에 관심 있는 것이 생기고 그러면 진로와 연결될 거라 믿는다.

많은 교육자와 진로상담 전문가들의 일반적인 의견으로는 전혀 틀린 예상은 아니지만 그렇다고 확실하게 맞는 방법이라고 할 수도 없다고 한다. 아무리 많은 경험을 산발적으로 늘어놓는다 해도 그것을 주체적으로 선택하는 자존감이 선행되지 않는 한 큰 의미가 없다. 오히려 어린 나이에 무언가에 꽂혀 평생 그 분야만 파고들어 전문가가 된 사람의 사례를 살펴보면 경험보다는 우연성에 기인하는 경우가 많았다.

즉 다양한 경험을 의도적으로 했다기보다는 우연적인 작은 만남에 폭 빠져든 경우다. 스치듯 지나가는 일상에서 다른 사람은 느끼지 못한 것이 큰 의미로 다가왔을 때 진로가 결정된다. 누군가의 한마디 말에서 비롯되는 경우도 많다.

이렇듯 자기주도적 생활에 결정적인 자존감은 어떻게 형성될까? 자존감이 있는 아이들의 공통점은 한결같이 바라봐주는 자기대상(self-object)이 있었다는 점이다. '자기대상'은 아이가 필요로 하는 심리적 기능들을 충족시켜주는 주 양육자를 말한다. 바쁘다거나 혹은 피곤하다는 이유로 아이에게 무조건 휴대폰을 내주어 게임을 하게 하거나 TV 리모컨을 쥐어주면, 부모는 자기대상의 위치를 잃게 된다.

아이는 마주하는 사람의 눈동자 움직임, 말투 속에 함의된 감정선을 바로 알아차린다. 누군가의 놀란 표정을 보며 '아, 내가 지금 위험한 행동을 했구나', '아, 내가 지금 상대방을 기쁘게 하는 말을 했구나' 등, 자신의 존재 상태를 인식하게 된다. 이를 통해 자기 위치를 알고 자존감이 형성된다.

내 자녀의 자기주도학습능력을 키우고 싶다면, 어떻게 학습해야 하는지 방법을 알려주기에 앞서 다시금 부모가 자녀의 '자기대상'의 위치에 서야 한다. 내 자녀의 '자존감'이 형성될 때까지 한결같이 바라봐주는 위치에 서 있는 것이다.

간헐적 희망은 독이다

~~~~~~

날 따라 하지 마세요.

◆

빌 게이츠

성취감이 자존감에 미치는 영향은 지대하다. 그래서 많은 교육자, 학부모가 '도전'을 강조한다. 실패해도 괜찮으니 도전을 멈추지 말라고 한다. 의지를 갖고 노력하면 언젠가는 성공한다고 가르친다.

맞는 말이다. 하지만 전적으로 맞는 말은 아니다. 많은 아이가 도전을 즐기기보다 강요받는 현실에서 무언가 시도해보라는 말은 또 다른 무게감으로 다가온다. 그리고 대부분 공부와 관련해서 더욱 열심히 해보라는 말이지 이것저것 건드려보고 생각해보고 뭔가 저질러도 된다는 의미가 아닌 경우가 많다. 이것은 엄밀히 말해서 진정한 의미의 도전이 아니다. 어느 순간부터 대한민국 아이들에게 도전이란 서울에 있는 대학에 들어가는 것이고, 유명 대기업 입사 시험을 치르는 것이며, 더 나아가 몇백 대 일이라는 난관을 뚫고 공무원 시험에 합격하는 것이 되어 버렸다.

내가 보기에 도전이라기보다는 도박에 가깝다. 고액 연봉 혹은 안정적 직장이라는 두 가지 버전만 놓고 그것을 성취할 때만 성공이라는 인식으로 끊임없이 노력하라는 것 자체가 왜곡된 자아를 형성시키기에 충분하다.

초등 시기로 사춘기를 앞당긴 아이들은 지금껏 해오던 것과는 다른, 새로운 것으로의 방향 전환을 꿈꾼다. 그리고 시도해보고 싶다는 의사를 밝히지만 대부분 받아들여지지 않는다. 그러한 전환을 무모한 도전이라며 말리고 이런 대답을 한다.

"그건 공부하고 나서 남는 시간에 해."

"그런 꿈은 멋져 보이지만, 막상 현실에서는 어려운 거야. 그냥 취미 생활로 해."

결국 내면에서 뭔가 꿈틀대며 '도전'하고 싶어 했던 일들을 미룬 채 '선행학습'이라는 원하지 않는 것을 하게 된다. 당연히 잘 적응하는 몇몇 아이들을 제외하고 대부분의 아이들은 반복된 무기력에 빠져든다.

선아가 있었다. 초등 6학년이지만 책가방에 중학교 수학 문제집, 과학 문제집, 고교 영어단어장을 넣어 다녔다. 더 많은 아이가 꿈꾸고 상상하며 인문적 소양을 갖추기를 바라는 의미를 담은 소중하고 즐거운 아침독서 시간에도 선아는 늘 영어 문법 책을 꺼내놓았다. 문법책도 책이고, 본인이 좋다 하니 뭐라 나무랄 수는 없는 일이었다.

선아에게는 뚜렷한 목표가 있었다. 특목고에 가는 것이었다. 일주일에 두 번 또는 세 번 정도 특목고 대비반 학원에도 다녔다. 보통 한 번가면 3시간은 기본이었다. 학교에서 보는 수행평가는 선아에게 아무런 의미가 없었다. 달마다 학원에서 보는 시험이 훨씬 중요했고, 학원 선생님의 한마디에 울고 웃기를 반복했다. 초등 6학년에게는 정말 어려울 것 같은 수학 문제를 풀며, 마치 고 3 수험생마냥 오답노트를 만들고 답지를 옮겨 적었다.

담임 입장에서 초등학생이 쉬는 시간, 중간 놀이시간, 점심시간마저 반납하고 영어단어를 외우고 학원 숙제를 하기 위해 애쓰는 모습을 보는 일은 힘들었다. 그래도 정말 원하는 학교에 가고 싶다는 말에 그저 바라만 보고 있었다. 선아는 충분히 해낼 것 같다는 생각도 들었다.

한 번은 선아 어머님께서 학부모 면담주간에 찾아오셨다. 부모 입장에서도 지금보다는 조금 더, 적당히 놀아도 되는데 혹시 집에서 너무 공부를 강조했던 것은 아닌지 하는 말씀을 먼저 꺼내셨다. 그러면서도 한편 그렇게 뭔가 목표를 정해서 의지를 가지고 해내는 모습이 대견하기도 하다는 이야기도 하셨다. 걱정되는 것은 학원 시험에서 안 좋은 점수를 받으면 아이가 너무 스트레스를 받는다는 점이다. 이 정도의 문제는 기본적으로 풀 줄 알아야 특목고를 갈 수 있다는 학원 선생님의 말에 좌절감을 느끼기도 한다며 염려를 했다.

어느 순간부터인가 교실에서 선아와 친구들 간에 신경전이 벌어졌다. 선아는 내게 다른 친구들이 몰래 나쁜 말을 퍼뜨리고 끼리끼리 모여 자기 흉을 본다고 했다. 그것 때문에 공부에 집중이 잘 안 되니 누구누구를 혼내달라고 했다.

당사자들을 불러 사실관계를 확인해봤지만 아이들은 전혀 그런 적이 없다고 했다. 비밀 이야기를 했을 뿐 선아와는 아무런 상관이 없다고 하자 선아는 거짓말하지 말라며 분명 자기 이름이 오고가는 것이 들렸다고 반박했다.

이처럼 서로 다른 말을 하고, 명확하지 않은 애매함이 지속될 경우 담임으로서 참으로 난감하다. 각 가정에서도 자녀 말만 듣고 판단하는 때가 많기 때문에 학부모들 간에 다툼이 일어나기도 한다.

더 이상 선아와 다른 아이들을 모아놓고 확인하는 것은 의미가 없었다. 각자 자리로 돌려보낸 뒤, 나중에 선아를 따로 불러 조용히 물어보았다. 친구들이 선아에 대해 어떤 안 좋은 말을 했을지 예상되는 것이 있냐고 했다.

"이번에 학원 시험을 잘 못 봤는데 그걸 비웃듯이 얘기한 것 같아 속상해요."

"같은 학원에 다니는 아이가 있니?"

"아니요. 그래도 학원 다니는 애들이랑 걔네들이 친구기 때문에 서로 알려줬을 거예요. 학원에서 어려운 문제를 푸는 것도 힘든데, 자꾸 틀려서 속상한데, 친구들한테 비웃음도 당하니 너무 화가 나요. 꼭 특목고에 합격해 보란 듯이 다닐 거예요. 그러려면 학원 시험을 잘 봐야 하는데 자꾸 문제를 틀려서 두려워요."

선아는 과도한 선행 문제풀이로 인한 학습된 무기력을 넘어 학습된 좌절감을 맛보고 있었다. 학원 시험을 통해 3년 뒤 특목고에 떨어지는 좌절감을 몇 개월에 한 번씩 반복해서 느끼기 때문이었다. 그러한 좌절감은 깊은 수치감을 안겨주고, 누가 소곤거리기만 해도 자기 이야기로 느껴지며 모멸감으로까지 다가온다.

지속되는 무기력은 자존감을 손상시킨다. 더욱 무서운 것은 간헐적 희망이다. 간헐적이라는 것은 마치 언제 물고기가 잡힐지 모르는 순간을 말한다. 물고기가 2시간 동안 잡히지 않아도 낚시꾼들은 그 자리에서 떠나기를 주저한다. 조금만 더 기다리면 잡힐 것 같다는 기대감이 있기 때문이다.

선아는 학원에서 특목고 대비반 시험을 치를 때 간헐적으로 좋은 점수를 받는다. 그리고 희망한다.

'이대로만 계속한다면 특목고에 갈 수 있을 거야.'

하지만 대부분은 더욱 어려워지는 문제를 계속해서 마주하며 스트레스를 받는다. 이 정도는 풀 수 있어야 한다는 말에 불안감을 느낀다. 그런데도 쉽사리 포기가 되지 않는다. 간헐적으로 맛본 좋은 점수에 기대를 건다. 인내하면서 지내는 동안 학습된 무기력이 반복되고, 좌절감과 함께 자존감이 바닥을 친다. 그러면서 신경은 극도로 예민해지고, 타인의 시선들이 과도하게 다가온다.

선아의 경우 성취감을 누릴 수 있는 목표가 너무 멀었다. 3년 뒤 특목고에 합격해야만 그 기쁨이 현실로 다가온다. 그래서 다른 초등학생에 비해 훨씬 어려운 문제를 가지고 고민하고 씨름하면서도 성취감을 맛보지 못했다. 그나마 간헐적 희망들을 통해 견디고 있는데, 그러기에는 너무 많은 에너지가 든다. 포기하지 못하게 하는 작은 희망은 자존감을 더욱 괴롭힌다.

'내가 겨우 이 정도인가?'

사춘기 아이에게 너무 먼 목표를 지향하도록 하는 일은 긴 행군으로 내모는 것과 같다. 간헐적 희망으로 긴 여정을 버티게 하는 것은 매번 사막에서 신기루 같은 오아시스를 기대하는 것과 별반 다르지 않다.

성취감이 높고 두려움 없이 도전하는 아이에게는 공통점이 있다. 그들은 어려운 문제를 풀고 싶어 한다. 이 문제를 틀렸다고 미래에 이루고자 하는 어떤 꿈을 성취하지 못할 거라 생각하지 않기 때문이다. 먼 미래가 아니라, 지금 문제를 푸는 과정과 풀고 나서의 성취감을 맛보기 위한 것일 뿐 그 이상으로 의미 부여를 하지 않는다.

스티븐 코비는《성공하는 사람들의 7가지 습관》이라는 책에서 이렇게 말했다.

"만일 당신이 나를 가볍게 여긴다면 나는 당신을 파멸의 길로 이끌

것입니다. 나는 바로 … 습관입니다."

나는 이렇게 덧붙이고 싶다.

"초등학생들의 자존감을 채워주는 성취감은 지금 현재의 만족감을 확보하려는 습관에 달려 있습니다. 간헐적 희망에 의존하는 도전습관은 자아존중감을 계속 흔들어댈 것입니다."

자존감 앞에서는 왕따도
무릎 꿇는다

~~~~~~

현재 내가 노예가 아니라고 말할 수 있는가?

◆

샤르트르

 '왕따.'

어쩌다 이런 단어가 탄생했는지 몰라도, 참으로 듣기 거
북한 말이다. 그런데도 교직생활을 하다 보면 정말 자주 듣는다.

사람이 어떤 말을 자주 듣다 보면 욕마저도 일상 언어로 받아들일 때
가 있다. 어떨 때는 '왕따'라는 단어가 한동안 안 들리면 이상하기까지
하다. 폭풍전야처럼 자기도 모르게 서서히 긴장감이 느껴지기도 한다.

이제 '왕따'는 학교생활에서 일상 언어가 되어버렸다. 특이하거나 있
어서는 안 되는 단어가 아닌 필수단어처럼 느껴진다. 심지어 언어 변이

현상이 일어나 '찐따', '은따'로 더욱 세분화되었다. 교육 현장의 안타까운 단면이다.

왕따의 경험은 어른이 상상하는 이상의 '좌절'을 맛보게 한다. 그러한 좌절이 견딜 수 없는 단계에 이르면 '분노'로 열매 맺는다. 일반적으로 어른들은 왕따를 누군가 의도적으로 같이 안 놀아주거나 혹은 지속적인 놀림을 당하는 것이라고 생각한다. 하지만 왕따를 경험하는 아이는 단순히 같이 놀아주지 않는 것에 가장 큰 분노를 느끼지 않는다.

단순히 그 문제뿐이라면 대부분의 아이는 스스로 다른 놀 거리를 찾거나 자신과 맞는 친구를 찾아 새로운 그룹을 형성한다. 또 지속적인 놀림을 받는다고 해도 어지간해서는 방어할 능력이 있다. 약해 보이는 아이라고 방어능력이 전혀 없지는 않다. 그냥 무시하거나 같이 욕하면서 자신만의 경계선을 긋는다. 그리고 적정선에서 멈춘다. 서로에 대한 기분 나쁜 감정은 남아 있지만 나름대로의 구역이 더욱 명확해지는 효과도 있다.

그런데도 왕따라고 느끼고 상처받으며 분노하는 이유는 '철저히 이용당했다'는 배신감의 경험에 있다. 교육 현장에 있지 않은 어른으로서는 설마 아이들 간에 무슨 '철저한 이용'이 가능하겠냐고 하지만 현실은 소문보다 더 냉혹하다.

우철이는 친구가 별로 없었다. 그렇다고 혼자 노는 것을 즐겨 하는 아이도 아니었다. 늘 친구를 그리워했다. 그러던 중 교실에서 한 아이와 보드게임을 만들며 노는 것에 마음이 맞았다. 그래서 대부분의 점심시간, 그 아이와 함께 교실 바닥 매트릭스에 구부리고 앉아 사인펜으로 다양한 보드판을 만들며 놀았다.

한 번은 축구를 좋아하는 한 그룹의 아이가 우철이를 불렀다. 함께 축구를 하자는 제안을 받자 우철이는 정말 기뻐했다. 축구를 잘하지 못해도 운동장에서 같이 뛸 기회가 왔다는 것에 무척 만족해했다.

같이 보드게임을 만들며 놀던 친구는 좀 아쉬워했지만 우철이가 운동장으로 나가는 것에 크게 상심하지 않았다. 어차피 자신은 예전처럼 혼자서 보드판을 만들면 그만이었다. 그리고 그렇게 혼자 몰입하는 걸 즐길 줄 아는 아이였다.

따뜻한 봄날 점심시간이었다. 아이들은 몇몇 무리로 나뉘었다. 운동장으로 뛰어나가는 아이들, 교실에 옹기종기 모여 수다를 떨거나 춤추며 노는 아이들, 조용히 책을 읽는 아이들….

담임 입장에서는 운동장에 있는 아이들을 살펴야 할지, 교실에서 노는 아이들을 바라보아야 할지 순간의 선택을 해야 했다. 일단 운동장에 우르르 몰려 나가는 아이들은 뭔가 할 거리가 확실했기에 대부분 교실에 남은 아이들을 중심으로 바라본다. 그러면서 간간히 창밖으로 전교생이 뛰어다니는 속에서 우리 반 아이들을 찾아내고 그들의 표정을 감지한다.

그때 우철이가 보였다. 골키퍼를 하고 있었다. 보통 골키퍼는 남자아이들이 기피한다. 공을 찰 수 있든 없든 일단 신나게 뛰어야 하는데, 골키퍼는 골대 주변을 벗어나지 못하기 때문이다. 그래서 대부분 돌아가면서 하거나, 가위바위보 혹은 정말 골키퍼를 잘하는 아이가 자원해서 한다. 처음에는 그저 '우철이가 골키퍼구나'라고 생각했다. 그런데 점심시간이 끝날 무렵 창밖을 보았을 때도 우철이는 여전히 골키퍼를 하고 있었다.

수업 시작 종이 울리고 축구를 하던 아이들은 온몸이 흠뻑 땀으로 젖은 채 교실로 들어왔다. 몇몇은 화장실에서 아예 흥건하게 차가운 물로 머리까지 적셔 물방울이 바닥으로 주르륵 흘렀다. 우철이만 땀 한 방울 없이 깨끗한 모습으로 들어왔다. 우철이에게 물어보았다.

"우철아, 축구했는데 땀을 안 흘렸네?"

"골키퍼했어요. 그래서 그래요."

"그랬구나. 뛰고 싶었을 텐데… 네가 자원한 거니? 아니면 가위바위보에서 진 거니?"

잠시 망설이는 듯하더니 말문을 열었다.

"오늘 처음 축구에 끼어서 그래요. 처음 끼면 골키퍼래요. 내일은 가위바위보를 할 거예요."

일단 내일 다시 상황을 지켜봐야겠다는 생각이 들었다. 다른 친구들이 약속대로 가위바위보를 할지, 아니면 또 다른 이유를 만들어 우철이에게 골키퍼를 하게 하는지 상황 파악이 필요했다.

다음 날 점심시간, 창밖으로 유심히 살펴보았다. 어찌된 영문인지 우철이가 또 골키퍼를 하고 있었고, 점심시간이 끝날 때까지 계속 골키퍼였다. 서서히 불길한 느낌이 들었다. 축구를 마치고 들어오는 우철이의 얼굴을 살펴보았다. 표정이 나쁘거나 우울한 모습은 보이지 않았다. 무슨 연유로 또 골키퍼를 했는지 묻고 싶었지만 참았다. 정말 오랜만에 우철이가 축구하는 아이들 무리에서 놀게 되었는데, 며칠도 안 되어 담임이 나서서 개입하는 모습을 보이면 다른 아이들이 더 이상 우철이를 받아들이지 않을 수도 있었다. 모르는 척 아무 말도 하지 않았다.

다음 날이 되었다. 우철이가 또 골키퍼를 하고 있었다. 더 이상 머뭇거리면 안 된다는 생각이 들었다. 개입이 필요했다. 우철이의 표정도 분명 어제와 달랐다. 교무실 직원에게 메시지를 보냈다. 학생을 한 명 보낼 테니 잠시 붙들어놓으라고 했다. 나는 우철이에게 교무실에 가서 보드마커를 몇 개 받아오라고 심부름을 보냈다. 1분 뒤 나도 결재판을 들고 바쁘다는 듯 교실을 나왔다. 바로 교무실로 달려가 우철이를 데리고 상담실로 갔다. 그리고 계속 골키퍼를 하는 연유를 물었다.

"나랑 같이 축구하고 싶어서 부른 줄 알았어요. 근데 그게 아니었어요. 골키퍼 할 사람이 없어서 부른 거예요. 그나마 같이 축구하려면 그거라도 해야 해요."

떨리는 우철이의 말투와 흔들리는 눈빛에서 좌절감이 보였다. 결국 이용당하고 있고, 그렇게 이용이라도 당해야 함께 놀 수 있다는 생각에 분노를 삭이고 있었다. 이건 아니다 싶어 교실로 가서 다른 아이들을 불러 혼내려 했지만 우철이가 간곡히 말렸다. 처음 염려대로였다. 내가 개입하면 자기가 일러바친 것으로 생각하고 다른 아이들이 아예 놀지 않을 거라고 했다. 한계를 분명히 알려줄 필요가 있었다.

"우철아, 네가 계속 골키퍼를 하면서라도 같이 놀겠다고 선택한다면 그리고 그걸 정말 원한다면 선생님은 모르는 척 존중해줄 수 있어. 그런데 한 가지만 분명히 하자. 그건 정말 네가 원하는 게 아니야. 분노를 억누르면서까지 그 상태에 머무는 건 스스로를 속이는 거야. 그게 반복되면 점점 네 자신이 없어져버려. 무슨 말인지 알아듣겠니? 네가 너 자신을 그렇게 학대하면 아무도 너를 존중해주지 않아. 너의 입장을 분명히 밝혀. 사흘 정도 기다려주마. 그 이상은 안 된다."

우철이에게 미안했다. 사흘이라는 기간 우철이의 고민은 극에 달할 것이기 때문이다. 골키퍼를 안 하겠다고 말하는 순간 다시 혼자 교실로

돌아와야 할 것이고, 아무 말 않고 계속 골키퍼를 하고 있으면 담임이 개입할 것이고….

다음 날, 우철이는 운동장으로 나갔다. 그리고 골키퍼를 하고 있었다. 그렇게 10여 분이 지난 뒤 우철이가 혼자 교실로 들어왔다. 나는 말 없이 우철이의 등을 감싸 안았다. 우철이는 아무 일도 없었다는 듯 자리로 돌아가 엎드려 자는 척했다. 가슴이 아팠다.

운동장을 살펴보니 축구하는 무리가 우왕좌왕하고 있었다. 서로 골키퍼를 하라고 우기고 있는 듯했다. 잠시 뒤, 한 아이가 뛰어 올라와 우철이를 불렀다. 가위바위보를 할 거니까 빨리 내려오라고 했다. 우철이는 뛰어 내려갔다. 가위바위보를 했고 골키퍼는 가위바위보에서 진 다른 아이가 했다. 오랜만에 땀을 흘리고 교실로 들어온 우철이의 눈빛은 살아 있었다.

초등 자존감은 이렇게 왕따와도 관계가 깊다. 내 입장을 분명히 밝히는 것, 그것이 자존감 형성의 시작이다. 즉 자존감 형성의 첫 번째 단계는 자신을 속이지 않는 것부터다.

상냥한 폭력은
자신을 감추고 다가온다

가자 가자 가자

숲으로 가자

달조각을 주으려

숲으로 가자.

◆

윤동주, 〈반딧불〉

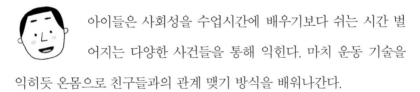 아이들은 사회성을 수업시간에 배우기보다 쉬는 시간 벌어지는 다양한 사건들을 통해 익힌다. 마치 운동 기술을 익히듯 온몸으로 친구들과의 관계 맺기 방식을 배워나간다.

타인과 관계 맺기에는 말로 설명할 수 없는 수많은 요소가 포함된다. 표면적인 말을 넘어 눈빛을 통한 이해와 보이지 않는 감정이 오고 가고, 목소리의 톤, 높낮이, 떨림 등 모든 것이 사용된다. 또 알게 모르게 드러낸 자신의 실체가 타인의 시선과 말을 통해 거울처럼 반사되

어 보인다. 쉬는 시간은 사회성을 터득하게 해줄 뿐 아니라 자신의 실제 존재를 드러내주는 정말 소중한 시간이다. 쉬는 시간을 10분이 아닌 15분으로만 늘려놓아도 대한민국 초등학생들의 사회성과 존재감 형성도는 훨씬 높아질 것이다. 또래와의 놀이를 통해 사회성을 익힐 수 있다는 연구논문 역시 헤아릴 수 없이 많지 않은가.

교실은 사회의 축소판이다. 서로가 지켜야 할 규칙이 있고, 상호간 예의가 있으며, 정이 오가고, 권력 다툼이 일어난다. 아이들은 상처를 받기도 하고 배려를 통해 공감대를 형성하기도 한다. 상급 학년 새 학급으로 바뀌면서 점차 활동과 사고의 범위가 넓어지며 교실을 벗어나 사회성을 확대시킨다. 그러한 과정에서 무리를 이루고 분열하며 다시 새로운 그룹을 만든다. 어른들이 하는 술 마시는 회식만 없을 뿐, 사회인으로서의 거의 모든 생활 방식이 교실 안에서 쉬는 시간과 점심시간을 통해 이루어진다.

그런데 최근 들어 교실 안 사회성 교류 방식에 이상한 점이 종종 발견된다. 누군가를 배려하는 것처럼 말하는데 나중에 보면 자신에게 유리한 방향으로 이끌기 위한 애매모호한 표현이 나타나는 것이다. 욕을 하거나 직접적으로 상대방을 폄하하는 것은 아니지만, 듣다 보면 자연스럽게 상대방을 나쁜 사람으로 만들고 자신은 그렇지 않다는 것으로 귀결된다. 예를 들면 포켓몬 카드 놀이가 너무 하고 싶은 한 학생이 이렇게 말한다.

"정수가 어제 다리를 삐었으니까 우리 오늘은 다같이 교실에서 포켓 몬 하자."

사실 정수를 위해서라기보다는 포켓몬 카드 놀이를 하고 싶은 자신의 욕구를 정수를 이용해 관철시키려는 것이다.

"그럼 정수는 교실에서 쉬고 우리는 어제처럼 축구를 하면 되지."

다른 아이가 이렇게 말하기도 하지만 바로 그 학생에게서 반박하는 대답이 돌아온다.

"다친 친구를 생각해야지. 너만 생각하면 어떡해. 정수가 기분이 안 좋잖아."

엄밀히 말하면 이건 보이지 않는 폭력이다. 다친 정수가 아닌 너만 생각한다고 폄하하면서 자기를 배려 있는 사람으로 등극시킨다. 더욱 나쁜 것은 그러한 과정을 거쳐 자기가 하고 싶은 것까지 얻어낸다는 점이다. 그리고 본인을 정말 배려를 잘하는 착한 사람이라고 생각한다는게 더 염려가 된다. 스스로도 그렇게 속아 넘어간다. 안타까운 건 이러한 과정을 보면서도 담임이 개입할 여지가 없다는 점이다.

《상냥한 폭력의 시대》를 저술한 정이현 소설가는 어느 잡지 인터뷰에서 이런 말을 했다.

"심지어 내가 폭력을 당한 건지 아닌지 헷갈릴 때도 많아요. 그게 바로 상냥한 폭력의 단면이기도 하죠."

어느 순간부터 초등학생들도 교묘하다고 느낄 만큼 모호한 말로 다른 친구들에게 다가간다. 상냥한 폭력의 핵심은 자기 자신을 감추는 데 있다. 지나친 자기방어의 한 단면이면서 동시에 상대방의 자존심을 파고 들어 상처를 남기거나 무기력하게 만든다. 맞서 싸울 명분이 없게 만들면서 지속적으로 상대방에 대한 상냥한 폭력이 지속된다. 왜 이런 현상이 나타나는 것일까?

대부분의 아이들이 학교에서 보이는 표현과 행동은 부모로부터 나왔을 가능성이 높다. 이 또한 그 원인을 같은 가능성으로 유추해볼 수 있다. 많은 학부모가 이전보다 자녀에게 친절해졌다. 최대한 다정다감하게 다가간다. 하지만 동시에 자기도 모르는 사이에 자녀에게 '상냥한 폭력'을 구사한다. 아이들이 거부하기에는 아직 논리성이 한참 부족한 상황에서 마치 합리적 판단을 내려주는 듯한 설명과 함께 마지막에 이렇게 말한다.

"이렇게 해야 너를 위해 좋은 거란다."

정말 아이에게 좋은 것인지, 부모의 의견을 관철시키기 위한 애매모호한 설득인지를 냉철하게 살펴보아야 한다. 그래서인지 요즘은 차라리 욕을 해대며 싸우는 아이를 볼 때 오히려 진솔함이 느껴진다. 온갖 애매함으로 자신을 포장하며 스스로를 속이지 않기 위한 방안은 자신의 진짜 자존감과 마주하는 것이다. 자존감이 가득한 아이는 알고 있다. 내가 웃어야 할 때인지, 참아야 할 때인지, 울어야 할 때인지, 아니면 시원하게 욕을 퍼부어야 할 때인지가 명확하다. 그런 아이는 욕을 해도 사랑스럽다.

자존감이 있는 아이는 타인을 속이려들지 않는다. 반면 자존감이 부족한 아이는 모호함을 유지하며 타인을 속이려든다. 초등 시기 자존감 형성이 중요한 이유는 자기 자신을 애매하게 만들지 않고 스스로의 결정에 책임지는 근원적인 힘을 주기 때문이다.

자존감은 상처를
직면하는 힘이다

~~~~~~

한순간 이 이미지는 그에게로 왔다.

일 년여의 고갈상태가 어떻게든 끝나리라는 것을 예감할 수 있었던…

〈중략〉

지난겨울이었다.

◆

한강, 《채식주의자》

"심리적 상처는 지워지는가 혹은 복원되는가?"

유감스럽게도 심리적 상처는 지워지지도 복원되지도 않는다. 많은 사람이 그렇게 되기를 바라며 애쓸 뿐이다. 다시 말하면 상처가 난 자리는 그 어떤 사랑과 무한돌봄으로도 다시 채워지거나 메워지지 않는다.

"그렇다면 상처는 그대로 두어도 좋다는 말인가?"

그렇지 않다. 우선 우리가 받은 상처들, 아이가 받은 혹은 받고 있다고 생각하는 상처가 어디에서 비롯되었고 왜 일어났는지 이해하는 작업이 필요하다.

상처라고 생각하는 것이 내 상처인지 아니면 내 부모나 중요한 누군가로부터 비롯된 상처는 아닌지 살펴보아야 한다. 막연한 죄책감으로 사랑과 무한돌봄을 쏟아 붓는 일은 아이와 부모 모두를 지치게 하거나 빠져나올 수 없는 악순환의 패턴에 갇히게 만든다.

부모로부터 오랜 시간 방치되었던 아이가 있다고 하자. 그 아이는 사회성이나 대인관계에 문제가 생길 가능성이 높다. 지나치게 친구관계에 집착하거나 역으로 고립을 자처하며 누구와도 관계 맺기를 거부할 수 있다.

문제를 뒤늦게 자각한 부모는 이를 만회하기 위해 과도하게 아이에게 밀착하거나 무분별한 관심으로 아이가 상처를 무기삼아 권력을 휘두르도록 하는 결과를 빚기도 한다.

그 시절에, 그 순간에 그런 일이 일어나지 않았다면 좋았겠지만 상처를 메우기 위한 많은 노력은 어쩌면 그때 일어난 일을 받아들이지 않거나 없던 일로 하겠다는 몸부림이 될 뿐이다. 먼저 명확하게 직시할 필요가 있다.

"일어난 일은 없어지지도 없앨 수도 없다."

왜 그 일이 일어났는지를 탐색하고 그것이 아이에게 어떤 영향을 주었는지 부모 스스로 인정하고 받아들이는 게 우선이다. 그다음에 다시 아이와 관계 맺기에 들어가야 한다.

어느 날 오랫동안 알고 지냈던 후배에게서 연락이 왔다. 딸아이가 초등학교 6학년인데 잘 알지도 못하는 학원 남학생과 알몸 사진을 주고받았다는 것이다. 후배는 울면서 아이 아빠는 꼴도 보기 싫다며 아이를 괴물 보듯 하고 심지어 딸아이와 같이 있는 것도 견디기 힘들어한다고 했다.

후배는 세상이 무너지는 것 같은 절망을 표현하며 "그렇다고 같이 죽을 수는 없잖아요"라는 말로 버티고 있었다.

지인이라 직접 상담 개입을 할 수 없었던 나는 믿을 만한 상담센터를 연결해주었다. 엄마는 서둘러 아이를 데리고 심리상담소를 찾았다. 무엇이 잘못되었을까? 아이는 왜 그런 선택을 했을까? 친구를 잘못 사

귀어서라든가 아이가 유별나서라는 식의 말들을 많이 한다.

원인은 가족 내에 있는데 그 책임을 친구들이나 외부 환경으로 돌리는 것은 매우 손쉽고 편의적이다. 물론 인터넷 매체와 여러 환경이 아이들을 유혹에 빠뜨릴 준비를 하고 있는 것도 사실이다. 살다 보면 별일이 다 일어나는데, 우리는 원하지 않는 방식으로 원하지 않는 때에 일어난 일을 쉽게 받아들이지 못한다. 앞 사례에서 보듯 부모는 종종 책임을 아이에게 돌리거나 인정할 수 없어서 아이를 더 벼랑 끝으로 내몰기도 한다.

남학생과 알몸 사진을 주고받은 딸과 한 공간에 있기도 싫다는 아빠는 자식을 어린 아기로만 여기다가 불쑥 여성으로, 그것도 단정하지 못한 여성으로 바라본다. 부모는 성관계를 통해 아이를 낳았는데 그런 아이가 성에 눈을 뜬다는 것을 선뜻 받아들이지도 마주하고 싶어 하지도 않는다.

인간은 태어날 때부터 성적인 존재다. 프로이트 심리학에서 말하는 성적인 존재라는 것은 성행위 자체가 아니라 먹는 행위, 배변하는 행위, 놀고 싸우는 행위에조차 성적인 만족과 에너지가 사용된다는 이야기다. 아기는 자기 성기를 가지고 놀기도 하고 그것을 확인하면서 알 수 없는 만족을 느끼기도 한다. 한창 2차 성징이 시작될 무렵인 초등학교 고학년 여자아이가 보인 행위를 문제삼기보다 왜 그런 자극들에 몰입하게 되었는지를 먼저 살펴야 한다. 반복해서 이야기하지만 원인이

어디에 있는지도 탐색하지 않은 채 결과에 대한 책임과 죄책감을 아이 몫으로 떠넘겨서는 안 된다.

있었던 일을 없앨 수는 없다. 힘들고 고통스럽지만 엄마아빠와 아이가 함께 이 일에 직면하고, 인정하고, 서로를 위로해주어야 한다. 상처와 정면으로 마주할 때 자신을 스스로 일으켜세우는 자존감이 만들어진다. 없었던 일처럼 아무렇지도 않게 행동하는 것은 또 다른 억압을 야기할 뿐이다.

충분히 이야기하고 충분히 시간을 가져야 한다.

그리고 그 사건들을 계기로 다시 관계 맺기에 들어가야 한다. 아이들은 자신의 은밀한 잘못을 들키면 부모가 이전처럼 자신을 대해줄까, 사랑해줄까 두려워한다. 앞의 아버지는 그런 면에서 아이에게 두 번의 상처를 주었다. 첫 번째는 잘못에 대한 죄책감이고, 두 번째는 더 이상 사랑받을 수 없는 존재가 되어버렸다는 자존감 상실이다.

어떤 일이 일어나도 엄마아빠는 여전히 너를 보호하고 사랑한다는 것을 아이가 경험으로 느낀다면, 오히려 좋은 전환점이 된다. 또다시 마주하게 될 무수한 상처들 속에서 사건의 진실과 직면할 자존감을 얻는 기회가 된다.

이승욱 박사는 "책임은 내가 무엇을 했는지를 항변하는 것이 아니라 무엇을 하지 않았는지를 아는 것"이라고 했다. 어떤 현상이나 증상들이 아이들에게 일어났다면 그 일차적인 책임은 부모에게 있다.

아이들에게 책임을 돌리면서, 아이들과의 관계에서 무엇을 했는지

항변하면서 그 뒤로 숨기보다 그간 아이들에게 무엇을 하지 않았는지를 반성하고 성찰해보아야 할 것이다. 없던 일로 만들 수는 없지만 우리는 얼마든지 상처를 딛고 나아갈 수 있음을 잊지 말자.

자존감은 성공에 대한 칭찬에서 생기는 것이 아니다. 형편없어 보이고, 비참해 보일 정도로 가슴 아픈 사연도 직면하는 용기를 보일 때 형성되는 값진 보석이다.

3장

초등 자존감을 둘러싼 오해를
바로잡자

아이에게 화를 내면
자존감이 낮아진다?

아무리 큰 결점이라 하여도 유한하며,

그것만으로 충분하다.

◆

시몬 베유, 《중력과 은총》

우리 반에서는 아침에 등교하여 교실에 들어오면, 아이들은 맨 먼저 휴대폰 전원을 끄고 담임 책상 바로 옆 큰 서랍에 휴대폰을 넣어야 한다. 그리고 자리로 돌아가 아침독서를 시작한다.

휴대폰을 내 책상 옆 서랍에 넣도록 하는 데는 두 가지 의미가 있다. 수업 중 혹은 쉬는 시간에 휴대폰을 만지작거리며 게임을 하지 않도록 하는 것은 표면상의 이유다. 진짜 의미는 학교생활에서 외부와의 접촉을 잠시 끊고 새롭게 시작하는 작은 습관을 자연스레 익히게 하는 데 있다. 더불어 휴대폰을 내려면 담임 책상 옆까지 와야 하는데 그 순간 눈을 마주치며 인사를 해 작은 교감을 나눈다.

이른 아침 등교한 영수의 표정이 어두웠다. 평소에도 말수가 적기는 했지만, 그래도 교실에 들어오면서 항상 고개 숙여 인사말을 하던 예의 바른 아이였다. 늘 하던 대로 영수가 가까이 다가와 휴대폰을 내고 인사를 하리라 기대했지만 그날은 그대로 자기 자리로 가서 앉아 책을 펼쳤다.

'몸이 아픈가?'

살짝 걱정되어 살펴보았다. 아침독서 책은 펼쳐놓았지만, 평소 즐겨 읽던 과학 만화책이 아니었다. 대충 아무 책이나 펼친 듯했고, 시선은 책상 빈 공간에 멈춰 있었다. 일상과 다른 영수의 모습에 나도 모르게 다가가 머리를 쓰다듬었다. 자연스레 혹시 열이 있는지도 재보았지만 아픈 것 같지는 않았다.

"영수야, 오늘은 휴대폰 내는 것을 깜박했네."

영수는 아무 대답 없이 주머니에서 휴대폰을 꺼내 전원을 끄고 내 책상 옆 서랍에 넣은 다음 다시 자리로 돌아왔다. 너무 기운 없는 태도에 뭐라고 이야기를 이어갈지 망설여졌다. 결국 단도직입적으로 물었다.

"아침에 집에서 무슨 일 있었니?"

대답이 없었다. 눈물이 한 방울 맺힐 듯했지만 얼굴만 붉히며 고개를 가로저었다. 순간 다른 친구들 눈치를 보는 것 같아, 잠깐 거리를 두었다. 중간 놀이시간에 친구들이 시끌벅적 노느라 정신이 없을 때 살짝 다가가 다시 말을 걸었다. 그제야 나지막한 목소리로 대답을 했다.

"선생님, 저는 쓰레기예요."

순간 가슴이 아파왔지만, 섣부른 위로의 말을 건넬 수는 없었다. 영수 어머니께 전화를 걸어 자초지종을 말씀드릴까 했지만 그것도 미루었다. 일단 영수의 표현이 먼저였다.

며칠 지나고 영수의 표정이 다시 아무 일도 없었다는 듯 변했을 때, 다시금 조용히 불렀다.

"영수야, 며칠 전 아침에 무슨 일이 있었던 거니? 말하고 싶지 않으면 안 해도 되고."

순간 표정이 잠시 어두워졌지만, 영수는 담담히 말을 해주었다. 엄마가 자기에게 늘 하는 말이 있다고 했다. 항상 해서 잘 몰랐는데 그날 아침 그 말이 정말 자기는 '하찮은 쓰레기 같은 사람'이라는 의미로 느껴졌다고 했다. 영수 엄마가 입에 달고 살았던 말은 '네가 그럴 줄 알았다'였다.

잘못된 행동에 화를 내는 대신 빈정거리듯 말하는 것이야말로 아이의 자존감을 상실시키는 시작이다. '네가 그럴 줄 알았다'는 별말이 아닌 것 같지만 어느 순간 영수는 알아버렸다. 자기 존재가 보잘것없고 하찮기만 하며 전혀 기대치가 없다는 의미가 있음을 온몸으로 느껴버린 것이다. 그래서 스스로를 '쓰레기'라고 정의 내려버렸다.

누구도 그렇게 말한 적이 없음에도 영수는 그 단정을 기정사실화해 혼자 슬픔에 잠겼다.

차라리 욱해서 꾸짖고 화를 내는 게 더 낫다. 화가 난 표현을 들어 일시적으로는 기가 죽을 수 있지만 나중에 영수의 자존감을 세워주기는 수월했을 것이다. 적어도 자신이 무언가 잘못해서 그랬다고 여길 수 있다. 상황이 호전되면 그때 "괜찮다. 기죽지 마라. Everything is ok!"라고 한마디만 해주면 된다. 또는 화를 낸 사람이 "미안하다"고 사과하면 앙금이 사라진다.

하지만 며칠 혹은 몇 달, 몇 년 동안 빈정거리는 듯한 말투로 지속적으로 무시당해왔다면 상황이 다르다. 그 말을 오랫동안 무방비로 듣고 있다가 어느 순간 너무도 수치스러운 말이었다는 것을 알아버렸을 때는 아무리 담임이 관심을 갖고 다가가도 한 번에 빠르게 해결해줄 수 없다. 방법은 하나뿐이다. 빈정거림을 들어왔던 기간들보다 몇 배는 더

많은 시간과 횟수만큼 기대가 섞인 표현을 들려주는 것이다. 하지만 안타깝게도 학년이 얼마 남지 않은 상황이었기에 내가 손을 쓸 시간이 없었다. 종업식날 마치 마지막 마법의 주문을 걸 듯 영수에게 한마디해주었다.

"너만큼 좋은 아이를 본 적이 없다."

은근히 비꼬는 혹은 간접적으로 드러나지 않게 공격하는 언어적 표현은 초등 자녀의 자존감을 결정적으로 낮춘다. 아이들은 그 말을 들으며 혼돈을 겪는다. 내가 정말 잘못한 것인지… 아닌지… 계속 이렇게 해도 되는 것인지… 안 되는 것인지…. 이러한 갈등의 반복은 자기성찰을 가져오기보다는 자기부정으로 다가온다.

빈정대는 것보다 자존감에 더욱 치명적인 요인이 있다. 바로 '무응답'으로 일관하는 것이다. 아무런 반응이 없음보다는 차라리 화를 내는 편이 자녀의 자존감 형성에 도움이 된다. 적어도 '나'라고 하는 존재 때문에 화를 내는 것이기 때문이다.

화를 참는다는 명목으로 비아냥거리거나 아무런 응답을 하지 않는 것이 초등 자녀에게 깊은 '자존감 상실'을 경험하게 한다는 사실을 잊지 말자.

자존감은 높을수록 좋다?

존재하지 않는 것을 사랑할 수는 없다.

◆

토머스 머튼, 《토머스 머튼의 시간》

 자존감이 있는 아이는 자기 욕구 표현이 명확하다. 내 안의 욕구를 확실하게 느끼며, 또한 그러한 욕구가 저절로 채워지지 않음을 오랜 기억을 통해 안다.

영유아기 시절, 아이가 자기 욕구를 손쉽게 표현하는 방법이 있다. 바로 얼굴을 붉히며 우는 것이다. 말 못하는 아기 시절, 우는 것은 그 무엇보다도 효율적이면서도 막강한 영향력을 발휘했다. 대부분 우는 즉시 누군가 다가오며 원하는 바를 얻게 되었기 때문이다.

이러한 행동 패턴은 언어로 표현할 능력이 생겨도 쉽게 사라지지 않는다. 무의식은 늘 손쉬운 방법을 아이에게 요구한다. 그래서 과거 성공했던 기억을 상기시키며 같은 패턴을 유지하려 한다.

'예전에 이렇게 울었더니 누군가 다가왔잖아. 일단 울어봐. 그렇게 너의 존재를 알려! 그런 다음 네가 원하는 바를 강하게 주장하면 되는 거야.'

하지만 어느새 이러한 무의식적 행동 패턴에 제동이 걸린다. 엄마아빠는 아이의 성장 단계에 맞춰 응대를 한다. 즉 운다고 무조건 들어줄 수 없다는 사실을 알려주기 시작한다. 일종의 '좌절' 경험이다. 아무 데서나 대소변을 보면 안 되며, 엄마 젖과 이별의 순간도 맞이한다.

초등학교 입학 전 적절한 수위의 '좌절 체험'은 매우 중요하다. 들어줄 수 없는 것이 있음을 알려주는 단계는 반드시 거쳐야 할 과정이다. 적절한 좌절 교육이 이루어지지 않은 아이는 소위 말하는 집안의 '폭군'으로 성장하기 쉽다. 매번 모든 결정권을 본인이 가지려는 습성을 지니게 된다.

하지만 부모는 딜레마에 빠진다. 분명 '안 된다'는 것을 알려주어야 하지만 자녀의 자존감에 상처를 입힐까 봐 망설이면서 애매모호한 태도를 취한다.

"그건 안 되는 거야. 그런데 네가 힘들어하니까 이번만은 특별히 하게 해줄게."

하지만 '특별한 이번만'은 한 번으로 끝나지 않는다. 아이가 저렇게 간절히 원하니 어쩔 수 없다는 표정으로 또다시 들어준다. 아이의 자존감을 높여준다는 이유를 대며 합리화한다. 또는 엄마가 나름대로 기준을 정해 실행하는데, 저녁 느즈막이 들어온 남편의 한마디에 모든 경계선이 허물어진다. 그것을 용인하면서 엄마는 깊은 무의식에서 이런 논리를 만든다.

'그래, 아빠랑 통하는 것도 있어야지. 누군가 아이의 기를 세워줄 사람도 필요하고. 자존감이 중요하다는 데….'

일단, 명확하게 짚고 넘어갈 부분이 있다. 경계선을 허문다고, 아이에게 마냥 허용 범위를 넓혀준다고 자존감이 높아지는 것이 아니다. 자존감의 구체화는 명확한 경계선을 인식하는 데서부터 시작된다. 하지 말아야할 것을 허락해주어 자존감이 높아진다면, 범죄자의 자존감이 가장 높아야 한다.

명확한 경계선의 구분은 영유아기 아이에게 오히려 안정감을 준다. 규칙성을 가지기에 예상 가능한 상황을 만들어내고 이를 통해 아이는 안전하다고 느낀다.

가끔 자녀의 '자존감'이 낮은 것 같다고 걱정하는 학부모와 면담을 한다. 대부분 아이의 자존감을 세워주기 위해 나름 칭찬도 많이 하는데 왜 이러는지 모르겠다는 하소연을 한다. 그럴 때마다 나는 이런 답변을 드린다.

"칭찬은 중요하지요. 그리고 자녀의 기를 세워주시는 것도 중요한 것 맞습니다. 하지만 그전에 선행되어야 할 것이 있습니다. 정해진 규칙과 경계선을 변칙적으로 허물지 않도록 유의해야 합니다. 허물어질 것 같은 상황이라면 아무 이유 없이 눈을 마주 보세요. 어린 시절 천사 같이 자던 아이를 바라보던 그 시선으로 자주 바라봐주세요. 그것이면 충분합니다. 그래야 아이는 안정적인 자기존재감을 느낍니다. 스스로를 존재감으로 채운 후에야 '존중감'이 싹틀 준비가 됩니다. 설불리 존중감부터 키우려 뭔가를 시도하면 할수록 답답하고 힘들어집니다. 일단 자주 바라봐주세요. 그게 우선입니다."

EBS 다큐 프라임 〈초등 성장 보고서〉에서 리드대학교와 스탠포드대학교 학자들이 150건이 넘는 칭찬 사례를 검토한 결과를 언급했다. 결과적으로 지나친 칭찬을 받은 학생은 모험을 싫어하고 자율성 인식이 부족했다. 이들은 칭찬을 들으면 기대에 부응해야 한다는 압박감에 오히려 스트레스를 받을 수 있다고 말했다.

자존감도 마찬가지다. 섣부른 허용과 칭찬은 오히려 스스로를 있는 그대로 바라보지 못하게 만든다. 자신과의 솔직한 직면을 방해하며, 회피하는 데 익숙해지게 만든다. 이는 당연히 자존감 부재로 이어진다. 능력 이상의 칭찬과 아이가 판단하기에도 하지 말아야 할 것들에 대한 허용은 그나마 유지하고 있던 자존감마저 허물어버린다. 나는 그러한 것을 받을 자격이 없는데 엄마아빠가 착각해서, 그저 운이 좋아서 그런 칭찬을 받은 것뿐이라고 생각한다.

자녀의 자존감을 높이려는 다급한 마음을 내려놓기 바란다. 못해준

것들에 대한 보상이라도 하듯 이것저것 허용하기보다 우선 자녀의 존재감을 따뜻한 시선으로 지속적으로 다듬는 것이 필요하다. 어찌 보면 그리 어려운 일도 아니다. 앞에서도 말했듯이 이미 놓쳐버린 시간만큼 자녀의 눈동자를 계속 마주하기만 하면 된다. 자녀의 존재감을 사랑으로 채울지 여부는 부모가 바라보는 시선의 형태와 시간에 비례한다.

자존감은 높을수록 좋은 게 아니다. 유지하는 게 더 중요하다. 오히려 빠른 시간 안에 자존감을 높여야 한다는 생각이 자녀와 애써 약속한 규칙을 섣부르게 허무는 결과로 이어지는 경우가 많다. 지켜야 할 것은 스스로 지킬 수 있다는 자기 경험이야말로 자존감을 유지시켜주는 핵심이다.

자신감이 없으면
자존감이 낮다?

어려운 시기를 견디는 마음의 힘을 키우는 데 있어서

정말로 필요한 것은 회복력입니다.

다시 말해, 희망을 잃거나 압도당하지 않고

어려움과 마주하는 능력입니다.

◆

달라이 라마 · 하워드 커틀러, 《당신은 행복한가》

정화는 정말 반듯한 아이였다. 매사에 신중했고 조심스러웠다. 종이 울리면 가장 먼저 자리에 앉아 다음 시간의 교과서를 펼쳐놓았다. 담임 입장에서 다른 아이들이 정화의 절반만 따라와도 정말 수월하게 학급 경영을 할 수 있을 것 같은 그런 아이였다. 친구와 말썽을 피우는 일도 없었다. 고학년이었음에도 끼리끼리 뭉치는 그룹에 들어가려 애쓰지 않았다. 한결같이 자기 페이스를 유지했고 뒤에서 누군가에 대해 수군거리지도 않았다. 하지만 정화 어머님은 그러한 아이를 보고 늘 안쓰러운 눈빛을 보냈고 학부모 면담에서도 그 부분에 집중했다.

"차라리 가끔은 말썽도 피우고 뭔가 과감하게 일을 저질러도 봤으면 좋겠어요. 너무 사소한 것들도 대충 지나가는 적이 없어요. 확인하고 또 확인하는데 그럴 때마다 내가 아이를 너무 자신감 없게 키운 건 아닌지 걱정돼요. 이렇게 자신감 없는 모습으로 계속 있으면 어떡하죠? 자신감이 없으면 자존감도 많이 낮은 건 아닌지 걱정입니다."

일단, 자녀의 성장 기간 동안 함께해온 부모의 견해이므로 담임으로서 모든 것을 열어놓고 학부모에게 자녀에 대한 정보를 들으면 그대로 받아들인다. 짧은 기간 담임이 마주하면서 본 부분이 부모의 시각과 상충될 때는 시간을 두고 좀 더 관찰한다.

내가 본 정화는 자신감이 없다기보다 완벽을 추구하는 모습에 가까웠다. 바꿔 말하면 최대한 실수하는 요소를 제거하며 안전하다고 느낄 때까지 기다리는 아이였다. 그러다 보면 당연히 주변의 시선을 통해 상황을 파악하려 한다. 일단 주위 어른을 관찰하면 잘못을 저지르는 횟수를 대폭 줄일 수 있다. 주변 어른들의 사소한 표정 변화를 통해 옳은 선택인지 아닌지를 금방 알 수 있기 때문이다.

정화의 경우 자신감과 자존감을 같은 선상에 놓고 볼 필요는 없다. 자존감이 있는 아이라고 해서 늘 자신감이 넘치는 것은 아니다. 오히려 자존감이 부족하다고 느낄 때, 허세 부리듯 매사에 자신감이 넘치는 것처럼 행동하는 경우도 많다.

자신감은 경험의 수치에서 나온다. 예전에 성공했던 경험, 혹은 실패했더라도 몇 번의 수정 과정을 거쳐 다시 완성했던 경험치에 비례한다. 초등학생의 경우 아직 경험치가 적다. 그리고 정화 같은 경우 부모의 완벽한 존중이 오히려 불안을 야기했을 가능성이 높다. 선택의 순간마다 정화가 결정하게 한다는 것은 '너의 선택을 존중한다'는 의미와 더불어 '선택한 것에 대한 책임은 너에게 있다'는 부담감을 안겨준다. 그러한 부담감에서 벗어나는 길은 최대한 신중하게 선택하는 모습을 보이는 것이다. 실패하더라도 그래도 나름 최선을 다했음을 보여주려는 의식적인 행동이다. 이것이 반복되며 일종의 패턴이 되어버렸다.

신중한 것 자체는 나쁘지 않다. 단 신중함이 지나칠 때, 타인의 눈에 우유부단함으로 비친다. 또한 결단하는 시간이 지체된다. 세상에는 충분한 시간 여유가 있을 때보다 빠른 판단으로 결정해야 할 순간들이 더 많다. 그러한 상황을 잘 알기에 부모의 입장에서는 좀 더 과감한 결단을 내렸으면 하는 바람을 갖는 것은 당연하다.

정화처럼 매사 완벽을 기하려는 아이는 남들의 냉소적인 모습에 방어능력이 없을 때가 많다. 타인의 인정이 아닌 반대에 직면하는 것 자체를 두려워한다. 그러한 순간 어찌해야 할지를 잘 모른다. 사안에 반대하는 것도 자신에 대한 공격으로 느낀다. 그럴수록 예방 차원에서 신중 모드로 완벽에 가까워지려 한다. 문제는 작고 사소한 상황에서조차도 그렇게 완벽을 기하려 애쓸 경우 많은 에너지가 소진되고, 금방 지치게 된다는 점이다. 심지어 어떤 아이들은 잦은 두통을 호소하기도 한다.

　자존감이 없어서 매사 신중한 모습을 보인다기보다는 자존감을 공격받기 두려워하는 요인이 더욱 강할 수 있다. 즉 어떻게 해서든지 공격받지 않는 완벽한 방어막을 만들려고 애쓰는 것이다.

　그래서 영유아기 명확한 경계선을 만들어주는 것이 중요하다. 이는 되는 것과 안 되는 것을 명확하게 알려주는 것이다. 경계선이 명확할수록 아이는 오히려 안정감을 느낀다. 그 경계선 안에서 마음껏 실수를 한다. 그 안에서 실수하는 것들은 누군가 나무란다 해도 자신에 대한 공격으로 인식하지 않는다. 적어도 자신은 부모가 말한 경계선을 벗어나지는 않았기 때문이다. 그저 해도 그만, 안 해도 그만인 실수를 했을 뿐이라고 인식한다.

자녀를 존중한다는 의미로 매번, 매사에 상당 부분 선택을 자녀에게 양도하는 것은 아이를 불안하게 만드는 요소로 작용한다. 이것은 존중이 아니라 모호한 경계선을 지속적으로 펼쳐놓는 것과 같다.

전 세계에서 1,500만 부가 팔릴 만큼 사랑받은 웨인 다이어의 《행복한 이기주의자》에서 저자는 이렇게 말한다.

"인생을 엮어가다 보면 상당한 반대에 부닥칠 때가 종종 있다. 그것이 바로 인간이 살아가는 방식이며 '살아 있다'는 것에 대해 치러야 할 세금 같은 것이다."

우리 아이가 자존감을 지닌 채 살아 있는 이상, 반드시 치러야 할 세금 앞에서 망설임이 없기를 바란다. 자존감이 없어서 자신이 없는 것이 아니다. 자존감이 있는데, 치러야 할 세금을 내지 않으려 할 뿐이다.

초등 사춘기는
자존감을 위협한다?

어리다고 놀리지 말아요.

◆

가수 이승철의 노래 가사

교직에 있으면서 아이를 향한 시선과 표현 중 가장 듣기 거북한 말이 있다. 요즘 들어 부쩍 이런 말을 들으면 마치 내게 초등 사춘기 아이의 심리가 전이된 듯 짜증이 확 밀려온다. 바로 이런 말들이다.

"쪼끄만 것들이…."

"아무것도 모르는 것들이…."

"어린것들이… 무슨 사춘기라고…."

"아직 중학생도 아닌 게 벌써 무슨 질풍노도의 시기를…."

초등학생이 듣기 싫어하는 말 중 하나도 이처럼 '아직 어려서'다. 초등학생은 어리다고 생각하지 않는다. 그들에게 어린이는 유치원에 다니는 아이들이다. 그리고 이런 말도 한다.

"선생님, 제가 어릴 적에 유치원에서…."

심지어 어린 시절을 옛날이라고 표현하기도 한다.

"선생님, 옛날에 제가 집에서요."

한 번은 KBS1 라디오 〈생방송 토요일 아침입니다〉 '마음으로 통하는 교실 이야기' 코너에서 '크리스마스 선물'을 주제로 말한 적이 있다. 그때 309명의 아이를 대상으로 크리스마스에 가장 받고 싶은 선물, 받고 싶지 않은 선물로 설문한 결과를 이야기했다. 1, 2학년 학생이 가장 받고 싶지 않은 선물은 '어린이 장난감'이었다. 그들은 그 이유를 이렇게 말했다.

"엄마아빠가 나를 너무 어리게 생각해서 유치원 아이들이 갖고 노는 장난감을 사주는 게 싫어요."

초등 저학년 아이들마저 어린이 취급을 받는 것에 불만을 표하는 현실이다. 사춘기 초등 고학년 아이가 더하면 더하지 덜하지 않는 것은 당연한 결과다.

초등 고학년 아이가 사춘기를 시작하는 이면에는 스스로를 더 이상 '어린이'로 생각하지 않는 자기성찰이 존재한다. 자기만의 생각이 있고, 방식이 있고, 선택이 있으며, 제한된 것들에 대한 확장을 요구할 힘이 있다. 어른만 아직 그들을 '어리다'고 생각할 뿐이다.

초등 사춘기는 꼭 거친 반항을 동반하지는 않는다. 오히려 말수가 적어지고 자기만의 공간으로 숨어드는 아이가 더 많다. 부모는 그런 자녀의 모습을 보며 '소통의 부재'를 느끼고 불안해한다. 저러다 사회성이 결여된, 혹은 버릇없는 반항아가 되는 것은 아닌지 걱정스러운 눈길로 바라본다.

하지만 내 아이가 부모와 맞설 만큼 성장했다는 사실 자체를 두려워하는 경우도 많다. 그리고 너희는 아직 그러기에 어리다는 눈빛을 보낸다. 그러다 안 되면 타일러보고, 야단쳐보고, 마지막에는 부모가 가진 권력을 이용해 압박을 가한다.

압박하는 방법은 아주 쉽다. 방에 들어가 자녀의 스마트폰을 뺐는 것으로 일단락된다. 며칠 아이가 더욱 풀 죽은 모습으로 부모의 눈치를 보거나 짜증 섞인 한숨을 내뱉으면, 엄마나 아빠는 못 이기는 척 다시 휴대폰을 돌려주는 악순환이 반복된다.

초등 사춘기는 그 어느 때보다 자존감을 확연히 느끼는 때이다. 이때 인식되는 자존감은 단순히 '내가 있다'는 추상적 존재감만을 의미하지 않는다. 무언가를 욕구하는 주체가 바로 자신임을 깨닫기 시작하는 것이다.

석진이는 영어유치원을 다녔다. 또 예체능 관련 학원도 몇 개씩 가야 했다. 초등학교에 들어와서 학습 관련 학원이 추가되었다. 그런데 초등 고학년이 되자 서서히 자신을 자각하기 시작했다. 하루는 면담을 하고 싶다고 찾아왔다.

"선생님, 전 토요일, 일요일이 싫어요. 방학도 싫어요. 차라리 학교 오는 게 나아요. 학교에 오면 쉬는 시간, 점심시간은 그래도 놀 수 있잖아요."

초등 사춘기 석진이에게 학교는 그나마 조금이라도 숨통이 트이는 놀 수 있는 곳, 나머지는 공부와 숙제 또는 해야 하는 것들로 가득한 곳, 이렇게 둘로 나뉘었다. 그리고 늘 입에 달고 다니는 말이 있다. 상담 중에도 자주 사용했다.

"엄마 때문에 정말 짜증나요."

'짜증'은 자신의 뜻과 맞지 않는 무언가를 자주 마주하게 될 때 생긴다. 사춘기 자녀가 '짜증'을 내는, 혹은 답답하고 화가 날 정도로 '침묵'으로 일관하는 상황은 자신이 세운 뜻과 부합되지 않는 현실을 인지하고 있다는 방증이기도 하다.

초등 사춘기는 자존감 회복의 좋은 기회다. 그들은 짜증을 내서라도 자신의 존재를 표현한다. 짜증을 내는 모습은 '내 생각과 부모의 생각은 다르다'는 것을 표방하는 것처럼 보인다. 하지만 '나만의 독립된 생각이 있다'는 사실을 인정해주길 바랄 뿐이다. 자신이 요구하는, 생각하는 모든 것들이 다 옳거나 혹은 이루어지는 게 아님을 그들도 안다. 단 자신의 원의(原義, 본래의 뜻)조차도 마치 어린아이에게는 아무 필요 없는 생각이라는 듯한 외부의 압력에는 도저히 굴복할 수 없을 뿐이다. 그건 자존감의 문제이기 때문이다. 내적 자아가 '있느냐, 사라지느냐'

수준의 상황 앞에서 그들은 '사춘기'라는 무기를 꺼내어 방어하기 시작한다.

사춘기가 초등학생에게까지 내려온 사실은 무척 안타까우면서도 동시에 고마운 일이다. 그들은 사춘기를 앞당겨서라도 내면에서 느끼고 바라보는 '자존감'을 지키려 애쓴다.

그간 주눅 들었던 자신에게 그럴 필요 없다고 당당히 말하는 그들은 그나마 용기 있는 선택을 한 아이들이다. 대부분 몇 번 시도하다 사춘기를 유예하면서 언제 터질지 모르는 폭탄으로 끌어안고 지나간다. 내가 정말 걱정되는 대상은 사춘기를 겪는 아이들이 아니라 자꾸 늦추는 아이들이다. 우리 어른들이 사춘기를 자꾸 늦추라고, 아직 때가 아니라고, 혹은 그냥 조용히 지나가라고 하는 어리석음을 반복하지 않기를 바란다. 사춘기는 자존감 회복을 위한 최상의 기회이며, 그 기회를 놓친다면 내 아이는 평생 소년으로 살아야 한다.

아이 기를 세워주어야 한다?

존재는 자신을 몰라, 스스로 묻고 스스로 답을 시킨다.

◆

폴 발레리, 《발레리 선집》

학부모에게서 전화를 받았다.

어머니는 며칠 전 있었던 학급 회장 선거에서 재우는 정말 학급 회장이 되고 싶었다고 했다. 너무 회장이 되고 싶어 평소 친하지 않았던 친구들과 같이 놀기도 하고, 준비물도 여유 있게 가져와 친구들에게 빌려주며 모든 아이들에게 친절하려고 애썼다고 했다. 하지만 재우는 후보에도 오르지 못해 너무 속상해하고 있다고 말씀하셨다. 이렇게 노력을 했는데 회장이 못 된 걸 보면 학급에서 친구들에게 거의 인정받지 못하는 건 아닌지 염려된다고 했다. 더불어 학교에서 상장을 받으면 기가 좀 살지 않을까 생각한다고 말씀하셨다. 아니면 사설 단체에서 보는 시험에 응시해서라도 상장을 좀 받게 하면 다른 아이에게 부러움을 받고 다음 회장 선거에 뽑힐 확률이 높아지지 않을까 하는 많은 생각들을 이야기하셨다.

그러나 재우 어머님이 모르는 것이 있었다. 초등학생은 친구관계에서 그렇게 쉽게 설득당하지 않는다. 특히 3학년 이상 된 아이는 이미 지난 1, 2학년의 경험으로 상대방에 대한 판단을 초기에 끝낸다. 며칠 혹은 일주일 반짝 잘해주는 것으로 상대의 됨됨이를 평가하지 않는다. 또 과거 자신을 기분 나쁘게 했던 한마디, 작은 행동을 잊지 않고 간직한다. 지금 당장 잘해주는 것은 그 순간 이익이 되기 때문에 받아줄 뿐,

막상 학급을 책임질 회장의 역할은 어느 정도 신뢰감을 가진 아이에게 넘긴다.

새학기 들어서 재우를 찬찬히 떠올려보았다. 지난 두 주간 평소와 다르게 두서없이 이 친구 저 친구 왔다 갔다 하며 애쓴 잔상들이 되짚어졌다. 나름 안쓰러운 모습이었지만, 회장이 되기 위한 계산이 들어 있음을 다른 아이가 모르는 것이 아니다. 아이는 어른보다 훨씬 직관적이다. 평소와 달리 행동하면 순식간에 의도를 파악한다. 단지 속아주는 척하며 이익을 잘 챙길 뿐이다.

전화를 끊기 전 재우 어머님께 짤막하게 한 말씀을 드렸다.

"어머님, 아마도 상을 몇 개 더 받는다고 상황이 쉽게 바뀌지는 않을 겁니다. 정말 회장이 되고 싶다면 친구들 사이에 신뢰를 쌓아야 합니다. 상장하고는 직접적인 관계가 없습니다. 신뢰를 형성하려면 정말 변화된 뭔가를 친구들이 느껴야 하는데, 그러려면 시간이 걸립니다. 그런데 다른 아이보다 뭔가 뛰어난 능력을 빨리 보여야 한다는 압박감은 재우에게 도움이 되지 않습니다."

담임으로서 재우에게 무언가 위로를 해주고, 혹시 작은 상장이라도 받게 힘을 실어주고, 그로 인해 기가 살아 다음 회장 선거에서 뽑힐 수 있도록 도움을 주는 이야기를 듣고자 했던 어머님 입장에서는 별로 달갑지 않은 답변이었을 것이다.

한 달 뒤, 재우가 상장을 하나 가지고 왔다. 사설학원 연합으로 치른 수학경시대회 상장이었다. 금상이라고 적혀 있었다. 상장에는 쪽지가 하나 딸려 있었다. 학급에서 친구들 앞에서 이런 상을 받았다고 칭찬을 해달라는 재우 어머님의 부탁이 적혀 있었다.

순간 망설였다. 개인적으로는 재우에게 얼마든지 '시험 치르느라 고생했고, 또 좋은 결과를 받아서 기분이 좋겠다. 앞으로도 목표를 가지고 열심히 해보렴' 하고 칭찬할 수 있었다. 하지만 학급 모든 친구들 앞에서 학원 상장을 가지고 칭찬해주는 것이 옳은지에 대해서는 좀 더 숙고가 필요했다. 자칫 공교육 안에서 사교육을 추천하는 것처럼 보일 수도 있고, 다른 학생이 학교 상장도 아닌 학원 상장을 담임이 왜 전해주는지 의아해할 수 있었다.

일단 상장을 받아놓고, 쉬는 시간 재우를 찬찬히 살펴보았다. 형평성에는 맞지 않지만 혹시 정말 이 상장으로 다른 친구 앞에서 칭찬받아 기를 펴고 뭔가 더 씩씩하게 해나갈 용기를 얻는다면, 그리 해보자고 생각했다. 재우를 불렀다.

"재우야, 경시대회에서 상을 받았구나. 준비하느라 애썼겠다. 그것만으로도 칭찬받을 만해. 더구나 금상을 받았으니 기분이 더욱 좋겠구나. 나중에 집에 가기 전에 종례시간에 친구들 앞에서 상장을 전해주마. 앞으로도 열심히 노력하구. 축하한다."

하지만 친구들 앞에서 상장을 준다는 말에 재우의 눈동자가 흔들렸다. 뭔가 석연찮은 느낌이 들어 물어보았다.

"재우야, 혹시 뭐… 부담되는 거 있니?"

그제야 재우는 속내를 드러냈다.

"다른 애들도 그 상 많이 받았어요. 엄마가 자꾸 선생님 갖다드리라고 해서 가져온 것뿐이에요. 솔직히 그런 걸로 반 친구들에게 자랑하는 거 쪽팔려요."

정말 짜증난다는 표정으로 대답한 재우를 보고서 고개를 끄덕이고는 학원 상장을 그대로 다시 주었다.

그런 학원 상장 하나로 존재감을 드러내는 것이 아무 소용없음을 재우가 인식하고 있다는 사실이 대견스럽기까지 했다. 대화를 시작한 김에 몇 가지 더 말을 건넸다. 지난 회장 선거에서 후보에도 오르지 못한 사실이 속상하지 않았는지, 친구들에게 잘해주려고 노력했는데 결과가 좋지 않아 화가 나지 않았는지, 다음 회장 선거에도 계속 기대를 하고 있는지 등을 물었다.

재우가 정말 많이 속상했고, 정말 회장이 되고 싶었고, 그렇게 친절하게 잘해줬는데도 자신을 찍어주지 않은 친구들에게 배신감도 느꼈다고 했다. 그러면서도 마지막에는 이렇게 말했다.

"내가 1, 2학년 때 너무 잘난 체해서 친구들이 싫어하는 거 알아요. 근데 그때는 몰랐어요, 그게 잘난 체하는 건지. 엄마가 그렇게 해야 무시받지 않는다고 해서 정말 그런 줄 알았어요."

재우는 자기 자신을 되돌아보고 있었다.

"재우야, 정말 대단하구나. 경시대회 상장을 받은 것보다 훨씬 더 대단해. 그걸 네가 알고 있다니 정말 대단한 거야. 지금처럼 네 자신을 되돌아보는 걸 잊지 마라. 선생님 예상으로 내년에는 네가 회장 선거에서 좋은 결과를 얻을 것 같구나."

무언가 뜻대로 되지 않고, 혹은 기대에 크게 미치지 못하면 의기소침한 모습을 보이는 것은 지극히 당연하다. 그 의기소침한 기간을 견뎌내야 하는데 부모의 지나친 간섭이 이를 막는 경우가 많다. '이렇게 했어야 한다, 저렇게 해야 한다'며 끊임없이 개입할 때 자녀는 스스로를 되짚어볼 여유가 없어진다.

자존감은 기를 세워준다고 생기지 않는다. 자신을 객관화할 수 있는 시선을 통해 생긴다. 다행히도 재우는 낙심하는 와중에 자기 자신의 현 상황을 직시했다. 정말 대견하고 애틋했다.

혼자 놀면 자존감이 없다?

어떤 무리에 빨리, 힘들지 않게 끼어들고 적응할 수 있는 능력은
큰일을 하기 위한 필수조건 중 하나다.

◆

마티아스 호르크스 등 공저, 《미래가 든든한 아이로 키워라》

학급에서 쉬는 시간이나 점심시간에 아이들이 노는 모습을 자주 살펴본다. 수업에 비해 자연스럽게 자기 노출이 되기 때문이다. 특히 쉬는 시간에 더욱 집중해 관찰한다. 10분이라는 짧은 시간 동안 아이들은 필사적으로 놀이를 찾는다. 너무 짧아 사전에 암묵적으로 어떤 놀이를 하기로 정해져 있는 경우가 많다. 같이 놀 친구도 이미 정해져 있다. 그리고 쉬는 시간 종이 치면 바로 놀이에 몰입한다.

보통 놀이는 몇 개의 부류로 나뉜다. 유행하는 카드 놀이, 팽이 놀이,

액괴 등 장난감을 가지고 와서 노는 아이들, 자기들끼리 놀이를 창작해 즐기는 아이들, 모여서 그저 수다를 떠는 아이들, 그리고 누구와도 어울리지 않고 혼자 책상에 앉아 좋아하는 독서나 종이접기를 하면서 시간을 보내는 아이들이 있다. 어떤 형태이든 담임 입장에서 잘 놀고 있다는 자체만으로 안심된다.

10분밖에 안 되는 시간임에도 놀이 속으로 빠져드는 몰입도는 상상 이상이다. 다른 누구에게도 침범받지 않으려고 각자의 구역을 정해 논다. 아이들 간에는 어느 선까지 다른 놀이를 하는 친구들에게 접근하면 안 되는지 암묵적 합의가 있다. 놀이 구역이 침범받았다고 느끼는 순간 바로 다툼이 일어난다.

담임으로서 웬만한 작은 다툼이나 감정들이 오가는 상황에서는 가만히 지켜본다. 대부분 리더격인 학생이 규칙을 이야기하며 교통정리를 하는데 상황 정리가 안 되는 경우 담임에게 판결을 요청한다.

그런데 담임이 다른 업무로 잠시 교실에 없거나 혹은 분쟁을 조정하는 요청에 소홀히 대응했을 때, 아이들 간의 골은 깊어지고 어느 순간 폭력으로 해결하려는 사태가 벌어진다. 그만큼 초등 담임교사들이 교무실에 머무르지 않고 교실에 상주하는 게 매우 중요하다.

엄마들과 면담을 하면 '왕따'에 대한 말이 생각보다 많이 나온다. 특히 혼자 책을 보거나, 종이를 접거나, 아니면 조용히 멍 때리는 학생들의 학부모가 걱정을 크게 한다. 그렇게 혼자만 있다가 나중에 사회생활은 잘할지, 혹 친구들이 같이 놀아주지 않아 외롭게 있는 것은 아닌지 등의 걱정을 털어놓는다.

나는 불안해하는 부모에게 이렇게 말해준다.

"혼자서도 잘 노는 아이는 둘이서도 문제없습니다. 일단 놀고 있는 것 자체로 충분합니다. 혼자 놀든, 여럿이 놀든 그건 단지 아이의 선택입니다."

혼자 놀기를 즐긴다고 학급 내에서 존재감이 없는 것이 아니다. 오히려 그렇게 혼자 무언가에 몰두하다 보면 다른 아이보다 전문성을 가지게 되는 경우도 많다. 가령 종이접기에서 아주 복잡한 공룡을 만들어내거나, 액체괴물(슬라임)을 가지고 연구하다가 기막힌 색깔의 부드러운 촉감을 느낄 수 있는 액체괴물을 탄생시킨다. 어떤 아이는 즐겨 읽는 만화 캐릭터에 대한 방대한 지식을 지니게 되었다. 이는 주변 아이들이 부러워하는 전문성이 된다.

담임으로서 쉬는 시간에 무엇을 하고 놀지 정하지 못한 아이들이 더 걱정된다. 이런 아이들은 10분 동안 이리저리 기웃거리다 시간을 다 보낸다. 여럿이 노는 친구들 곁에 다가가지만 짝이 맞지 않는다는 이유로, 혹은 잘 못하거나 규칙을 자주 어긴다는 이유로 함께 노는 것을 거부당한다. 혼자서 노는 친구 옆으로 다가가 말을 걸어보지만, 몰두하는 데 방해를 느낀 아이는 들은 체 만 체 상대를 잘 안 해준다. 그 아이는 얼핏 쉬는 시간에 이리저리 움직이며 부산하게 왔다 갔다 하기에 문제가 없어 보이지만, 시간이 갈수록 자신의 존재감을 드러내려 인위적인 방법을 택하게 된다.

선우가 그랬다. 시끄러웠다. 노느라고 시끄러운 것이 아니었다. 늘 목소리를 높이고 강하게 이야기했다. 주변의 시선을 끌기 위한 노력이었다. 자기도 목소리가 커지는지 모른 채 친구들에게 다가갔다. 그리고 친구들 노는 데 끼어서 훈수를 둔다. 이렇게 하는 게 더 좋다느니, 그렇게 하면 안 된다느니 등의 말을 툭툭 던졌다. 그러다 보면 누군가 선우에게 짜증 섞인 말을 내뱉게 된다.

"야! 저리 가! 방해되잖아."

그러면 선우는 억울하다는 듯 내게 와서 말했다.

"선생님, 저기 팽이 돌리는 애들이 날 때렸어요. 그리고 막 욕하고 저리 가라고 했어요."

이렇게 민원이 들어오면, 담임으로서 상황 파악을 하기 위해 놀고 있던 아이들을 다 부른다. 그 순간 아이들의 탄식이 들린다. 또 선우 때문에 쉬는 시간에 놀지도 못한다는 투정과 함께 내게 와서 자초지종을 이야기한다.

"제가 때린 게 아니고요. 자꾸 우리들 놀고 있는데 어깨로 밀고 끼어들어서 누구 팽이가 더 좋다느니 누구 거는 형편없다느니 크게 떠드니까 가라고 한 거예요. 욕한 것도 없고요. 지가 밀고 들어오니까 나도 밀어낸 것뿐이라고요."

가만히 상황을 들여다보면, 어차피 자기랑 놀아주지 않으니 너희들도 선생님께 불려가서 쉬는 시간에 놀지 못하게 한다는 일종의 복수 패턴이었다. 결국 선우는 쉬는 시간뿐 아니라 긴 점심시간마저도 교실과 운동장을 왔다 갔다 하면서 같이 놀아줄 친구를 찾아 헤맸다. 놀 누군가를 찾아서 더욱 언성을 높이다가 나중에는 노는 아이들을 방해하는 것으로 끝난다.

혼자서도, 같이도 놀지 못하고 배회하는 아이들은 막상 누군가 다가와 놀아주어도 그리 오래 가지 않는다. 너무도 오랜만에 놀 수 있다는 기대감에 모든 놀이 조건을 자신에게 유리한 쪽으로 설정하기 때문이다. 그러면 상대방은 같이 놀기를 꺼리고 결국 다시 혼자가 된다. 이런 일이 반복되다 보면 자존감이 지속적으로 낮아진다. 그것을 어떻게든 회복하려고 요란한 모습을 보이다가 심지어 폭력을 행사하기도 한다.

또는 반대로 억울한 피해자의 모습을 하며 매번 다른 누군가의 잘못을 찾아 나선다.

내 자녀가 혼자서든 여럿이든 쉬는 시간에 놀 거리가 있는지 확인하면 학부모로서 자녀의 자존감에 대해 의심할 필요가 없다. 존재감이 있어 보이기 위해 이리저리 기웃거리며 목소리를 높이고 과장행동을 하는 아이는 그럴수록 외면당하는 악순환이 반복된다.

우리 아이는
엄마가 없으면 안 된다?

아이가 가장 불안한 순간은

엄마가 멀리 떨어져 있을 때가 아니라

바로 등 뒤에 있을 때이다.

◆

라캉

엄마 옆에 늘 붙어 있어야 하고, 엄마가 없으면 어떤 사소한 결정이나 선택도 할 수 없는 아이가 있다. 또 많은 엄마 혹은 아빠가 '우리 애는 엄마가 없으면 안 되는 아이라…'라는 말을 하곤 한다. 정말 그럴까?

물론 아이에게는 반드시 엄마(주 양육자)가 필요하다. 하지만 정말 엄마나 아빠가 없으면 안 되는 아이가 존재할까? 부모가 흔히 하는 그 말의 이면을 우리는 한 번쯤 의심해볼 필요가 있다. 미처 의식하지 못하는 부모의 여러 욕망이 함의(含意)되어 있지는 않은지 들여다봐야 한다는 뜻이다.

　어느 날, 약속이 있어 시내의 분위기 좋은 한 카페에 갔다. 몇몇 아이들과 엄마들이 있었다. 학교에서 친한 친구들 몇 명과 그 어머니들이 함께 즐거운 모임을 가지는 듯 보였다. 엄마들끼리 한창 수다의 장을 열었고 아이들도 서로 재미난 놀이에 여념이 없었다.

　그 카페 안은 이곳저곳에 책이 있었는데 초등학교 4, 5학년쯤 되어 보이는 여자아이가 책 한 권을 들고 엄마에게 달려갔다.

　"엄마, 이 책을 봐도 되는지 엄마한테 물어보려고 들고 왔어. 엄마가 봐줘."

"응… 아이구, 이건 내용이 좀 그런데. 아직 너에게는 맞지 않아. 다른 책을 보는 게 좋겠다."

"응, 알았어."

누가 봐도 반듯하고 예쁜 그 아이는 즉각 책을 내려놓고 다른 책으로 눈길을 돌렸다. 별다를 것 없는 대화처럼 보일 수 있는 그 광경이 필자의 뇌리에 남은 것은 엄마의 행동 때문이었다. 아이 엄마는 다른 엄마들과 연신 재미난 시간을 보내는 듯하면서도 수시로 딸아이를 관찰했다. 또 아이가 무언가 불편한 기색을 드러내자마자 재빨리 다가가서 어떤 일인지 살피고 해결해주었다.

'아이가 자신이 왜 불편해하는지 알아차릴 시간이 주어졌을까?'

그 모습을 보고 나는 의구심이 들었다. 엄마는 다시 자리로 돌아가 다른 엄마들에게 "우리 애는 엄마가 없으면 안 되는 아이라서요"라고 말하며 멋쩍은 웃음을 보였다. 이후에도 이 엄마의 레이더는 아이에게서 잠시도 떨어지지 않고 연신 아이를 흘끔흘끔 바라보았다.

질문을 하나 던져본다.

'아이는 어떤 불편함, 불안한 순간, 무언가가 일어나는 순간들에 즉시 달려오는 엄마가 있어서 참 안전하고 편안할까? 아니면 잠시도 자신에게서 눈을 떼지 않는 엄마가 있어서 불안할까? 무의식 중에 어떤 감정을 느낄까?'

아이에게 직접 묻지 않아서 마음을 알 수는 없으나 그 아이는 성장해 어른이 된 후에도 자기 안에 커다란 검열관과 함께할 확률이 높아 보인다. 그런 가정하에 다시금 추가 질문이 이어진다.

'정말 아이를 안전하지 않게 하는 것은 세상일까, 아니면 엄마의 시선일까?'

엄마가 없으면 안 되는 아이가 있는 것이 아니다. 엄마가 없으면 안 되는 아이를 원하는 엄마가 있을 뿐이다. 상담실에서 만나는 엄마들에게 흔히 듣는 말이 있다.

"애가 좋아해서 학습놀이를 시켰어요, 어릴 때부터 아이가 그걸 참 좋아했어요."

"애가 원해서 하게 한 거지 전 억압하거나 강요하거나 하는 엄마는 아니에요."

그럴 때 나는 언제나 웃으며 반문한다.

"정말 그럴까요?"

아이의 오감은 어릴수록 본능적으로 엄마를 향해 있다. 엄마가 어떤 표정인지, 어떤 상태인지를 의식의 수준에서가 아닌 온몸의 감각으로 알아차린다. 자신이 무엇을 할 때 엄마가 어떤 표정이고, 어떤 반응을 보여주며, 얼마나 좋아하는지를 아이들은 금방 알아차린다. 내가 공부하는 모습을 엄마가 좋아하기 때문에 열심히 책을 뒤적여가며 자신도 좋아한다고 인지해버린다. 아이는 엄마가 좋아하는 것, 싫어하는 것을 자신의 느낌으로 받아들인다.

그러한 상황이 청소년기가 되어도 이어져 적절한 심리적 분리가 이루어지지 않으면 아이의 자아는 텅 비고 자신이 엄마인지 엄마가 자신인지조차 분간이 되지 않는 융합상태에 빠지게 된다. 엄마는 왜 아이의 모든 것에 자신의 돌봄과 손길이 닿아야 한다고 생각할까? 그것은 엄마가 없으면 안 되는 아이를 통해 절실하게 필요한 존재로서의 자기 존재감을 확인받고 싶어 하기 때문이다.

손이 많이 가는 아이 때문에 힘들다고 생각하는 부모는 스스로를 의심해볼 필요가 있다. 은밀하게 아이를 통해 존재의 공허를 메꾸고 만족을 누리고 있지는 않은지 되짚어보는 것이다.

아이에게는 부모의 보호가 필요하다. 하지만 커갈수록 적절한 분리도 중요하다. 엄마나 아빠가 타인을 통하지 않고도 스스로의 존재감에 안정감을 가져야 한다. 부모의 과도한 개입과 밀착은 애정과 관심이 아니라 스스로 알아차리지 못하는 불안과 더 깊은 관련이 있다. 우리가 가장 안전함을 느끼는 때는 적절한 공간이 주어지는, 경계가 명료한 상태다. 그리고 그러한 상태를 의식화해야 한다.

대중적인 장소에 놓인 책 한 권도 스스로 선택하지 못하고 엄마의 검열이 필요하다면 그 아이는 점점 자신을 믿을 수 없게 된다. 오직 엄마나 아빠의 개입으로만 안전함을 느낀다면 아이는 훗날 그런 자신에게 의지할 수 없다. 심지어 스스로를 싫어하게까지 된다. 자신이 왜 자신을 싫어하게 되었는지도 모르는 상태에 머무는데 가장 최악은 그런 아이로 만든 부모가 훗날 이렇게 말할 가능성이 있다는 것이다.

"넌 왜 너 스스로 아무것도 하는 게 없니? 그런 것도 엄마가 일일이다 알려줘야 하니?"

이건 모든 책임을 아이에게 지우는 일이다. 자존감이 높은 아이로 키우고 싶다면 엄마아빠 자신이 본인의 역사와 원가족(family of origin, 기혼자의 경우 현재의 가족 구성원이 아닌 결혼 전 부모와 형제자매 등 원래의 가족)의 역사를 제대로 이해해야 한다. 더불어 그런 과정을 통해 자신을 객관화하는 시간과 작업들이 반드시 선행되어야 한다.

오늘 스스로에게 한 번 물어보자. 내게 의존하지 않는 자녀를 볼 때 '나는 불안한가 불안하지 않은가?'

4장

자아존재감부터
키워주자

부모의 입버릇이
자아상을 빚어낸다

자신이 어떤 사람인지 말해보라고 할 때

막힘없이 이야기할 수 있는 사람은 잘 없다.

그만큼 자신을 아는 것이 힘들기 때문이다.

◆

이지성·오정택, 《청소년을 위한 꿈꾸는 다락방》

스스로를 표현할 때 필요 이상으로 겸손(?)한 자세를 보이며 낮추어 이야기하는 사람이 있다.

"제가 성질이 좀 못돼서요."

"보기보다 성격이 좀 내성적이거든요."

"아직 제가 실력이 모자라서요."

서른이 훌쩍 넘은 어느 날 오랜 지인이 내가 습관처럼 한 말에 이상하다는 표정을 지으며 대꾸했다.

"어린 시절부터 널 봐왔는데 넌 못된 성격은 아니야. 참 이상하네.

넌 만날 입버릇처럼 그 소리를 해."

이제까지는 그냥 흘려들었던 그 말이 그날은 뭔가 툭하고 뒷머리를 울리고 가슴을 치는 듯했다. 집에 돌아와 잠자리에 들었는데 꿈에서 신기하게도 너무도 선명한 엄마의 목소리가 들렸다.

"참 못됐다."

아침에 잠에서 깨어나 그 목소리의 여운에 꼼짝 못하고 오랫동안 가만히 있었다. 폭풍처럼 혼란스러움과 억울함이 밀려들었다.

'내가 정말 못된 성격이 아니었다고? 그럼 난 뭐지?'

이제껏 그렇게 믿고 누군가 날 비난해도 '난 그런 말 들어도 괜찮아'라고 생각했다. 어떤 사람이 싫어해도 '난 못됐으니까 그럴 만하지'라며 스스로를 이해시켰다. 그런데 그게 아니었다. 나를 덮고 있던 한 꺼풀이 벗겨져 나가는 순간이었다.

'그럼 나는 원래 무슨 성격이었던 거지?'

나는 무엇보다 내 자신에게 미안해졌다. 그리고 나를 그렇게 단정 지어버린 엄마에게 화가 났다.

어린 시절 거슬러 생각해보면 어머니는 정말 내가 못돼서 못됐다고 이야기하신 것이 아니었다. 두 살 터울 남동생과 나를 함께 돌봐야 했기에 양육에 지치는 순간들이 있었고 그때 아마도 별생각 없이, 좀 더 손이 가게 하거나 까탈을 부렸을 때 툭하고 내뱉었던 말이었다.

하지만 엄마가 무심코 내뱉은 한마디가 한 아이의 자아상을 형성해버렸다.

엄마아빠가 아이에게 부여하는 언어적 메시지는 막강한 힘을 지닌다. 과도한 칭찬이나 자기상의 부여는 자기 모습과는 동떨어진 느낌을 주며 아이에게 갈등과 죄책감을 심어준다. 반대로 비난이나 부정의 언어는 아이를 그 언어 속에 가둔다.

부모의 메시지는 정교해야 한다. 세심한 주의와 관심이 필요하다. 큰 의도 없이 던진 엄마아빠의 감정해소 표현에 아이는 자신의 존재감을 그대로 위치시킨다. 부모가 남긴 감정의 찌꺼기를 통해 아이들은 무의식적인 자기상을 그린다. 이를 바탕으로 자신을 대하고 타인도 자신을 그렇게 대하도록 허용한다.

그러한 존재감에 합당하다고 판단되는 선택을 하며 살아가고 사회에서 이루어지는 타인과의 관계도 그 기준을 벗어나지 않은 채 이루어진다.

'너는 유별나'라는 말을 들었던 아이라면, 그 메시지에 합당한 사람이 되는 삶을 자신도 모르는 사이 자처하며 살게 된다.

'너는 손이 안 가는 아이야'라는 말을 입버릇처럼 들었던 아이라면 누군가의 손을 빌려야 하는 상황임에도 혼자 해내기 위해 삶을 더 힘겹고 고통스럽게 살아낸다.

부모가 자기 삶에 회한이나 경멸을 품고 있다면 그것은 작은 물줄기가 새듯 언어 속에 스며들어 아이를 대할 때에도 그 감정이 투사되는 경우가 많다.

"너는 어떻게 하는 일마다 그 모양이니?"

"넌 어째서 제대로 하는 게 없니?"

"넌 어떻게 그렇게 이기적이니?"

"넌 어린애가 왜 그렇게 쌀쌀맞니?"

이런 표현들은 자세히 들여다보면 엄마아빠의 성장 역사와 무관하지 않다. 조부모의 양육 태도, 언어 습관, 삶의 무게들이 부모에게 투여되고 부모는 그런 경멸과 냉소에 찬 순간순간을 또 아이에게 투사한다.

아이의 시선은 언제나 갈망과 요구를 담아 엄마를 향해 있다. 그것은 엄마의 시선과 엄마의 입에서 나오는 메시지를 통해 자신을 확인하고자 하는 존재의 근본적인 몸부림이다.

가장 위대한 탄생은 부모가 나를 낳은 순간에 이루어지는 것이 아니다. 내가 스스로를 어떠한 존재로 여기고 살아갈지 형상화하는 순간이 중요하다. 이는 가장 무서운 탄생의 순간이기도 하다.

로버트 루트번스타인은 저서 《생각의 탄생》에서 예술 작품의 구체적 형상화 과정을 이렇게 말한다.

"관찰할 수 있어야 상상할 수 있고, 상상을 통해 형상화가 이루어진다."

자기 자신을 어떤 존재로 조각하는 것도 마찬가지다. 상상하는 대로 자아상이 만들어지는데 대부분 부모가 나를 바라보는 시선에서 벗어나지 못한다.

가면우울증에
속아서는 안 된다

~~~~~~

무기력, 무가치감에는 정당한 이유가 있다.

◆

정신분석가 이승욱, 《마음의 연대》

 생각보다 우울한 초등학생이 많다. 학령기 아이 중 약 2퍼
센트 정도가 우울증을 겪는 것으로 알려져 있다.

'2퍼센트가 많은 것인가?'라고 생각할지 모르겠지만 오십 명 중 한
명은 결코 적은 숫자가 아니다. 여기에 우울증까지는 아닌 우울증 진입
단계에 접어드는 아이들까지 포함한다면 전체의 약 5퍼센트 정도로 잡
을 수 있다.

하지만 가정이나 학교 현장에서 우울증을 겪는 아이를 발견하는 것
은 쉽지 않다. 아이들의 특성상 우울해하다가도 친한 친구와 함께하는

놀이에 쉽게 몰입하며 웃는 모습을 보이기 때문이다. 그러면 어른은 안심하기 마련이다.

'저렇게 잘 놀고 있으니 괜찮겠네.'

이 때문에 초등학생들의 우울증을 '가면우울증(masked depression)'이라고 한다. 실제 상황은 우울이지만 마치 가면을 쓰듯 그 증상이 감추어진다는 의미다.

아이의 가면에 속지 않으려면 눈동자를 응시해야 한다. 교실에서 아이들을 보다 보면 무표정한 눈동자와 마주할 때가 있다. 마치 공포영화의 한 장면을 보는 것같이 순간 섬뜩하기까지 하다.

멍하니 공상에 잠긴 듯한 아이에게서는 그러한 공포가 느껴지지 않는다. 눈동자는 다른 곳을 응시해도 상상의 나래를 펴는 표정이 살아 있음을 대변해준다.

하지만 표정마저 없이 힘없는 눈동자로 멍한 아이를 볼 때면 가까이 가기가 두려울 정도다. 친구와 잘 어울리고 깔깔거리며 웃다가도 어느 순간 휙 돌아서서 분노의 눈빛으로 바뀐다. 담임으로서 그 순간 아이에게 해줄 수 있는 것이 많지 않다. 그저 천천히 바라봐주면서 한 번씩 안아줄 기회를 찾을 뿐이다.

교직을 업으로 삼는 사람으로서 바라는 점이 있다면, 초등학교에도 전문 심리상담가가 상주하는 제도가 마련되는 것이다. 중고등학교에서는 어느 정도 시행되고 있지만 이미 깊은 우울에 젖어든 아이를 보듬어주기에는 역부족이다. 아직 변화의 여지가 많은 초등 시기부터 심리상담가를 배치해 돌보는 것이 훨씬 효과적일 듯하다. 하지만 외부적으로 우울의 정도가 잘 드러나지 않기에 아직 사회 전반에서 필요성을 실감하지 못하고 있다.

우리나라 청소년 사망원인 1위는 교통사고도, 질병도 아니다. 자살이다. 2017년까지 9년 연속 청소년 사망원인 1위가 자살이다. 자살에는 우울이라는 무서운 증상이 내재해 있고 그 우울은 존재감 상실에서 비롯된다고 볼 때, 초등 아이의 존재감을 일깨우는 일은 근본적이면서도 매우 시급한 문제가 아닐 수 없다.

그런데 많은 학부모가 심각성을 실감하지 못한다. 공부를 못할까는 염려하여도 내 자녀가 우울을 거쳐 자살로 갈 것이라고는 상상조차 하지 않는다. 이렇게 초등 시기를 지나면 중고등학교에 가서 결국 파국에 이른다는 것을 반드시 인지해야 한다.

초등 아이는 외부의 압력으로 감정을 통제당할 때 존재감 상실을 경험한다. 작고 사소한 일에도 신기해하며 잘 웃고 떠드는 초등 아이들. 하지만 기쁨의 감정이 그래 오래 가지 못한다.

"그렇게 크게 웃으면 어떻게 해."

"뭘 그런 일 가지고 신나 하니. 그런 건 중요한 게 아니야. 숙제는 다 했어?"

"언제까지 그렇게 웃고 떠들고만 있을 거야. 네 할 일은 끝냈어?"

그렇다고 슬픔 또한 마음껏 누리지 못한다. 화를 내거나 짜증을 내면 바로 제지가 들어온다. 그런 감정은 필요 없는 것이며 너만 힘들게 하니 피하거나 없애버리는 것이 좋다는 뉘앙스의 억압이 시작된다.

"다 큰 애가 뭘 그런 걸 가지고 우니?"

"참아! 어디서 큰 소리로 화를 내는 거야!"

"그렇게 슬퍼하지만 말고 차라리 친구들이랑 방방 가서 놀아. 기분 전환하구."

이렇게 자기 감정에 솔직할 기회를 잃을 때 아이는 자신의 존재감을 느끼지 못한다. 기뻐하는 자아도 필요 없고, 슬퍼하는 자아는 더더욱 버려야 할 뿐이다.

이런 상태가 반복되면 아이는 무표정한 눈동자를 지니게 되고, 영혼이 없는 듯 존재감 상실로 이어진다. 그러면 아이는 더욱 자기 감정이 아닌 타인의 감정에 의존하게 된다.

많은 부모가 착각하는 것이 있다.

"내가 우리 아이에게 얼마나 많은 사랑을 주고 있는데요. 그렇게 사랑을 많이 주는데 우울할 리가 없어요."

"우리 재희는 친구들에게 인기가 많아요. 리더십도 강하고요. 나약한 아이들처럼 우울해할 이유가 없지요."

존재감은 영유아기 타인의 시선에 의해 형성된다. 하지만 존재감 자체가 온전히 타인에 의해 만들어지는 것은 아니다. 결국 존재감은 자신이 스스로에게 느끼는 감정에 충실할 때 완결된다.

유명 연예인 중 크나큰 팬 사랑을 받아도 스스로 목숨을 끊는 사람이 종종 나타난다. 김형경의 심리 여행 에세이 《사람풍경》에서는 그러한 현상에 대해 이렇게 말한다.

"어떤 대중스타가 많은 사랑을 받으면서도 외로움과 결핍감을 안은 채 이른 나이에 생을 마감하는 이유는 내면으로부터 자기존중감이 결여되어 있기 때문일 것이다."

자기존중감은 '내가 여기에 있다'는 존재감의 씨앗에서 시작된다. 존재감의 확신 없이 세워지는 자기존중감은 그저 허울일 뿐이다.

안타깝게도 많은 경우 억지스러운 긍정 메시지만으로 자녀의 존중감을 세워줄 수 있을 거라 생각한다. 그렇게 간단하게 해결될 문제가 아니다. 존재감은 긍정적 상태에서만 느끼는 것이 아니다. 온갖 부정적 상황에서도 슬퍼하며 자신을 위로할 줄 아는 자기존재감에서 더욱 잘 드러난다.

초등 자녀가 존재감을 느끼게 해주고 싶다면, 자녀의 내면에서 올라오는 모든 감정을 인정해주는 것이 첫 출발이다. 존재감은 멀리 있지 않다. 자신의 감정에 솔직할 수 있는 용기에서 시작된다.

질문이 아니라 대화를 해라

부모의 자존감이 높으면 자녀 역시 자존감이 높았다.

◆

EBS, 〈아이의 사생활〉

5학년 호인이는 하루 종일 바쁘다. 학교와 학원 일정을 소화하면 거의 하루가 다 간다. 엄마아빠는 맞벌이라 낮에 없고 간혹 근처 할머니 집에 들러서 쉬기도 하지만 대부분 학원 일정으로 채워져 있다. 엄마는 다른 건 다 괜찮으니 영어와 수학만 학원을 다니며 제대로 하자고 한다.

퇴근 후 엄마는 늦게까지 집 안 정리에 호인이와 동생이 먹을 간식과 반찬까지 준비하느라 쉴 틈이 없다. 그리고 틈틈이 호인이에게 오늘 학교에서 있었던 일과 친구관계, 공부했던 것들을 질문한다. 낮 시간

동안 함께하지 못한 것에 대한 보상이라도 하려는 듯 호인이의 일거수일투족을 전부 알고 싶어 하며 끊임없이 탐색한다.

주말이면 소풍도 가고 주중에 챙기지 못한 영양 간식과 맛난 음식도 만들어서 함께 먹기도 하는 등 엄마가 느끼기에 최선을 다해 아이들을 보살피고 있다. 그런데 엄마는 점점 호인이의 말수가 적어지고 벽이 생긴다고 여기게 되었다. 언제나 학교 일에 관심을 가지고 물어보고 친구 일에도 적극적으로 개입하는데 왜 자꾸 호인이가 멀어지는 느낌이 드는지 엄마는 답답하고 속상하고 불안했다.

호인이도 엄마의 지극한 보살핌을 받고 있다고 생각하며 사랑받고 있음을 확신했다. 아이가 이토록 부모의 사랑을 의심하지 않고 부모 또한 지극한 사랑을 쏟는데 왜 문제가 생기는 걸까?

호인이는 성적이 우수했고 그 외 대부분의 수행 활동도 잘해내는 편이었다. 엄마를 실망시키지 않는 아이였지만 언제나 자신이 얼마나 하고 있는지 또 그것을 잘해낼지 불안해했다.

엄마의 끊임없는 질문과 탐색은 아이와 서로 관심을 주고받고 있다고 여기게 하지만 이면을 들여다보면 호인이 스스로가 불안을 가지도록 만들었다.

인간은 관심과 통제, 불안 사이에서 늘 길을 잃는다. 부모일수록 아이의 상태를 객관적으로 감각하기가 어렵다. 부모의 욕망과 불안은 고스란히 아이에게 투영되고 아이를 있는 그대로 보지 못하게 만든다. 학교에서 무슨 일이 있었는지, 친구랑은 별일 없는지 모든 게 궁금한 엄마는 자꾸 아이에게 묻는다. 하지만 아이 입장에서 관심이 아니라 캐묻고 파고드는 느낌이 든다면 그건 부모의 불안 때문이다. 아이가 힘들지는 않을까, 친구들에게 소외되지는 않을까, 혹시 아이가 뭘 감추는 것이 아닐까 하는 여러 불안은 부모 자신의 불안일 가능성이 대부분이다. 정말 무슨 일이 일어났는지는 아이를 잘 관찰하면 알아차릴 수 있고 적시에 필요한 질문을 할 수 있다. 자꾸 캐묻다 보면 아이는 자신만의 벽을 만들고 자기 방으로 들어가 나오고 싶어 하지 않는다.

부모로서 필자도 의식적으로 학습이나 친구관계에 대해 구체적인 질문을 하지 않고 이야기 중에 자연스럽게 묻어나도록 유도하려 하지만 때때로 궁금증과 불안에 못 이겨 이것저것 자세히 묻는 경우가 있다. 그럴 때면 딸아이는 여지없이 짜증을 낸다.

"엄마, 뭔가를 캐내려고 하는 것 같아. 자꾸 묻지 마!"

그때마다 나도 반사적으로 이렇게 말하고 싶다.

'엄마가 너에 대한 관심으로 그러는 거지 관심이 없으면 우리 딸에 대해서 알고 싶겠니?'

하지만 꾹… 참는다. 아이 말이 사실이기 때문이다.

관심과 간섭은 참으로 미묘한 차이를 두고 있다. 먼저 엄마아빠 자신에게 물어보아야 한다. 무엇 때문에 그것이 궁금한지, 왜 알고 싶은지. 자꾸만 무언가를 해결해주고 싶다면 그건 아이의 행복과 안전을 위한 것이 아니다. 안전할 거라고 확인받고자 하는 부모의 욕망이다.

모든 걸 알 수도 없고 알아야 할 필요도 없다. 아이는 자기 세상과 관계

안에서 지지고 볶고 갈등하며, 상처를 주고받으며 스스로 살아남는 법을 배울 줄 안다. 아이는 부모의 분신이 아니라 엄연한 타인이다.

아이를 유심히 살피고 어떤 상태인지 감각하면서 정말 필요한 순간에 엄마아빠가 손을 내밀 준비가 되어 있다는 것을 아이가 알게 하면 된다. 부모로서 자녀와 적당한 간극을 유지하는 것은 이토록 어렵다.

호인이 엄마가 호인이에게 지극한 관심을 쏟았고 살뜰히 사랑했다는 것은 틀림없는 사실이다. 하지만 엄마의 사랑이 호인이의 불안을 더욱 부추긴 것 또한 사실이다. 가장 친밀하고 밀착되어 있는 부모로부터 전해지는 불안은 아이가 방어의 벽을 더 높이 쌓도록 만들기도 한다.

미국의 정신분석학자 마이클 아이건은 이런 엄마의 관심과 사랑을 두고 '독이 든 양분'이라고 했다. 없어서는 안 될 양분이지만 독이 함께 들어 있어서 그것을 먹고 자라는 아이의 어떤 부분이 점점 병들어갈 수도 있다는 말이다.

연인들 사이에서도 관심과 애정이 숨 막히게 하고 종국에는 서로를 병들게 하는 경우를 어렵지 않게 볼 수 있다. 가족이니까, 부모자식 사이니까, 연인이니까, 부부 사이니까 감추는 것이 없어야 한다는 건 개인의 경계를 허락하지 않는 폭력적인 행위다.

무엇을 일부러 감추어야 한다는 이야기가 아니다. 어린아이든 어른이든 각 개인은 침범받지 않는 자신만의 안전한 내적 공간이 있어야 한다. 부모가 그것을 지켜주어야 한다. 무관심의 방임이 아니라 알고 싶어도 캐묻지 않는 것이다.

아이가 언제든 이야기할 수 있도록 품을 열어놓고 기다리는 것이 부모가 할 수 있는 전부이며 최선이다.

상담실에서 만난 한 소녀는 이렇게 말했다.

"엄마가 묻는 것은 대부분 뭘 탐색하기 위한 것 같아요. 전혀 관심처럼 느껴지지 않아요. 정말 무언가를 알고 싶다면 엄마 자신의 이야기를 먼저 해주었으면 좋겠어요. 예를 들어 '엄마는 오늘 이렇게 지냈어, 엄마는 오늘 이런 일이 있었는데 이런 기분이 들더라고, 너는 어땠어'라고요."

이 소녀가 원한 것은 질문이 아니라 삶의 이야기이자 대화였다.

존재감은 멈출수록 보인다

“잠깐 섰다 갑시다.”

우리는 박수로 동의를 표했고 곧 트럭이 멈추어 서자

우르르 트럭에서 내렸다.

◆

김용기, 《인생 2막, 여행하기 좋은 시절》

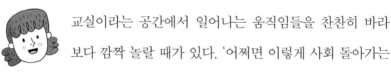교실이라는 공간에서 일어나는 움직임들을 찬찬히 바라보다 깜짝 놀랄 때가 있다. ‘어쩌면 이렇게 사회 돌아가는 모습과 똑같을까?’ 하는 생각 때문이다. 초등학생이 작은 교실 안에서 보여주는 역동은 그저 놀이 수준이 아니다. 나름의 규칙과 힘의 균형이 있다. 또한 개인의 무의식적인 생각 패턴들이 여과 없이 드러난다.

그들은 어린아이가 아니다. 이미 어른이고, 지금 삶의 방식을 죽을 때까지 고수할 가능성이 높아 보인다. 그런 상황에서 교육을 통해 변화를 시도한다는 것이 무의미하게 여겨지는 순간이 있다. 그래도 교육자

로서의 위치를 고수하는 이유는 변화에 목적을 두기보다 본래 자신의 존재감을 알 수 있도록 가끔 건드려주는 데 있다. 그러한 순간 내가 교단에서 사용하는 말이 있다.

"멈추세요."

앞에서도 말했지만 쉬는 시간은 초등학생에게 정말 소중한, 보석 같은 시간이다. 그 짧은 10분 사이에 많은 일들이 일어난다. 아이들은 화장실 가는 것까지 포기한다. 아이 입장에서는 화장실 가는 것을 잊어버린다. 그리고 수업종이 친 후에 혹은 수업 중에 불쌍한 표정을 지으며 화장실을 다녀오겠다고 손을 든다. 그럴 용기가 없는 친구는 점심시간까지 참았다가 화장실을 다녀오기도 한다. 그만큼 쉬는 시간을 확보하

는 것은 초등학생에게 조금이라도 더 치열하게 놀기 위한 생존의 몸부림이다.

그렇게 소중한 쉬는 시간, 담임인 나는 가끔 뜬금없이 아이들에게 정지를 요구한다.

"멈추세요. 30초면 됩니다."

"아~ 선생님, 제발 지금 말구요….'"

나는 고개를 가로저으며 단호히 말한다.

"모두 멈춰야 합니다. 30초입니다. 그렇지 않으면 시간만 더 길어집니다."

담임으로서 가장 원망과 미움의 눈빛을 받는 순간이지만 그때만큼은 단호하다. 몇 번 겪다 보면 아이들의 포기 시간이 빨라진다. 마치 백화점 마네킹처럼 학급 아이들이 정지화면으로 들어간다. 30초 후, 움직여도 좋다는 고갯짓을 하면 다시 기차처럼 교실이 힘차게 달려나간다.

어느 점심시간이었다. 교실 담임 책상에 앉아 천천히 아이들을 바라보며 식사를 하고 있는데 시현이가 다가왔다.

"선생님, 아까 쉬는 시간에 멈춘 건 정말 잘한 거 같아요."

"응, 뭐가?"

"포켓몬 카드를 하고 있었는데요, 멈추는 동안 알았어요."

"뭘?"

"제가 포켓몬 카드 놀이를 좋아하는 게 아니더라고요."

"선생님은 시현이가 엄청 좋아하는 줄로만 알았는데… 멈출 때 너무 아쉬워했잖아."

"저도 그런 줄 알았는데요, 잠깐 멈춘 사이에 깨달았어요."

"어떻게?"

"그냥요. 카드를 손에 잔뜩 쥐고 있는 게 좋았지, 카드 놀이 자체를 좋아하는 건 아니더라고요. 앞으로는 카드만 모을래요."

시현이는 자리로 돌아가 가지고 있는 카드를 책상 위에 잔뜩 펼쳐놓고 애정 어린 눈으로 하나씩 만지작거렸다.

사실 많이 놀랐다. 시현이는 늘 포켓몬 카드 놀이를 주도했다. 그러나 짧은 멈춤의 시간, 시현이의 메타인지가 작동해 자신을 마치 허공에서 내려다보듯 본 것이다. 카드 놀이에 정신이 팔려 있던 스스로를 보고 정말 원하는 것을 알아냈다.

나도 모르게 "아~" 하는 감탄사가 흘러나왔다. 멈춰진 그 시간, 자연스럽게 자신의 원의(願意)를 바라보는 능력이 발휘된다는 것은 참으로 멋지다. 시험문제를 다 맞았다고 좋아하는 아이를 보는 것보다 100배는 감격스러운 일이었다.

가끔 인터넷에서 연예인 박명수의 어록을 읽으며 웃는다. 문득 이 문구가 와닿는다.

"내일도 할 수 있는 일을 굳이 오늘 할 필요 없다."

질문이 생긴다. 그렇다면 오늘은 무엇을 하면 될까? 자신을 되돌아보자. 오늘 할 일은 여백을 남기는 것이다. 아이들에게 해야 할 무언가를 계속 이야기하고 주입하는 순간, 아이들은 자신의 원의를 잊어버린다. 이는 자기 존재를 인식하지 못하는 것과 같다. 많은 어른이 본인만 그렇게 존재감 없이 사는 것에 멈추지 않고 지속적으로 초등 자녀에게 같은 길을 강요한다.

하버드 의과대학에서 정신의학을 공부하고 매사추세츠 정신건강센터에서 정신과 전문의 교육을 받은 베셀 반 데어 콜크 박사는 그의 유명한 저서 《몸은 기억한다》에 이렇게 썼다.

"우리 자신을 아는 것, 즉 정체성을 갖기 위해서는 반드시 '현실'이 무엇이고 과거에는 무엇이었는지 알아야 한다(혹은 최소한 자신이 안다는 걸 느낄 수 있어야 한다)."

나는 여기에 한 가지를 덧붙이고 싶다. 그러한 앎을 느끼려면 반드시 '멈춤'이 있어야 한다. 바람과 똑같은 속도로 움직여서는 바람도, 나도 느낄 수 없다. 나는 멈추고 바람이 스칠 때 그 시원함을 느끼고, 그 시원함을 느끼는 나를 인지할 수 있다.

사춘기 초등 아이가 갑자기 역동을 일으키는 이유는 단순히 반항하고 싶어서가 아니다. 진짜 존재감을 느끼고 싶은 원의에서 비롯된다. 존재감은 멈출수록 선명해진다.

0.01퍼센트가 차이를 만든다

훌륭한 생각과 감정을 아름답게 표현한 글은
저절로 정치적 영향력을 행사하게 됩니다.

◆

유시민, 《표현의 기술》

앞에서도 말했지만 자아존중감보다 근원적으로 더욱 중요한 것은 자기 자신이 여기 있음을 아는 '자아존재감'이다. 존중감이 열매라면 존재감은 뿌리다. 존재감 없는 존중감은 오래 버티지 못한다. '허상'에 불과하다. 시간이 걸리는 듯해도 존중감에 신경 쓰기 전에 존재감을 위한 토대 마련이 우선이다.

대부분 '내가 있다'라고 하는 존재감은 너무 쉽게 간과하는 경향이 있다. 당연히 내가 '여기 있다'고 생각한다. 하지만 초등 아이는 자신의 존재감에 항상 의심을 품는다. 그리고 존재감을 드러내기 위해 학교에서 가장 많이 하는 말이 있다.

"선생님, 저요! 저요!"

이 말을 풀어 해석하면 이렇게 된다.

'선생님, 제가 여기 있습니다. 심부름 저를 시켜주세요.'

'선생님, 제가 여기 있습니다. 발표 저를 시켜주세요.'

얼핏 보기에 그저 자기가 먼저 하고 싶다는 의지의 표현으로만 보인다. 하지만 존재감을 드러내고자 하는 강한 욕망이 내재해 있다.

이러한 순간들이 반복적으로 아무 응답을 받지 못할 때, 또는 다른 누군가의 이름만 불릴 경우 점차 존재감에 불안을 느낀다. 그리고 이렇게 해석해버린다.

'영희가 나보다 더 공부를 잘해서….'

'철수가 나보다 더 달리기를 잘해서….'

'민영이가 나보다 더 잘생겨서….'

'예은이가 나보다 더 노래를 잘해서….'

결국 무언가 남보다 뛰어나야 존재감을 드러낼 수 있다는 생각을 가지게 된다. 더 나아가 친구와 자신을 자주 비교하게 된다. 그러면서 내가 뭔가 조금이라도 부족하다고 느낄 때 자신의 존재감을 쉽게 포기한다. 이렇게 비교를 통해서만 존재감을 인식할 수 있다고 단정 지으면 왜곡된 자아존재감이 형성된다. 있을 수도 없을 수도 있다는 불안한 존재감을 바탕에 두고 있는 아이에게 굳건한 자아존중감을 세워주기란 사실 불가능에 가깝다. 아무리 옆에서 인정해주고 북돋는 말을 해줘도 남들보다 뛰어난, 확실한 무언가를 손에 쥐고 있지 않은 이상 자아존중감은 연약할 뿐이다. 아이의 존재감에 대한 감정 욕구는 무시되어도 되는 것이 아니다.

어른이 보기에 별일 아닌 듯한 아이의 고민과 마주했을 때 종종 이렇게 말한다. 혹은 조금 심각한 고민이어도 어떤 해결책을 제시해줄 수 없는 상황에서 얼버무리는 말이 있다.

"뭘 그런 걸 가지고 그러니. 그런 건 별일 아니니까 그냥 무시해도 돼."

"뭘 그렇게 복잡하게 생각해. 단순하게 넘어가. 그런 것까지 생각 안 해도 돼."

조벽의 《내 아이를 위한 감정코칭》에 보면 행동주의 아동전문가들의 이야기가 나온다. 행동주의 전문가들은 아이가 바람직하지 못한 행동을 하면 무시하라고 말한다. 그래야 그러한 행동이 사라진다고 이야기한다. 하지만 저자는 그 와중에 아이의 감정까지 무시해버리면 아이는 자기존재감 자체를 거부당한 것으로 여긴다고 충고한다.

여기서 주목할 것은 아이는 자기의 감정을 존재로 여기고 있다는 사실이다. 또 감정이 무시당하거나 상했을 때 존재감이 위협받는 것으로 간주한다. 엄밀히 들어가면 그러한 감정을 일으키고 있는 자기 자신을 느낄 때, 그것이 진정한 '존재감'이다.

감정에 역동성이 일어날 때가 바로 자기존재감을 타인의 시선이 아닌 주체적으로 느낄 기회다. 그 순간 그러한 감정에 휩싸여 있는 자기 자신을 바라보며 진짜 '존재감'을 느끼는 것이다. 쉽게 표현하면 이런 것이다.

'내가 지금 화를 내고 있구나.'

'내가 지금 슬퍼하고 있구나.'

'내가 지금 불안해하고 있구나.'

이렇게 내가 지금 무엇을 하고 있구나를 인지하는 순간부터 존재감을 느끼고 자신이 행동의 주체가 된다. 계속 더 화를 내도 될지, 슬퍼할지, 불안한 상태에 머물지를 주체적으로 결정할 수 있는 단계로 넘어가는 것이다.

존재감을 느끼는 0.01퍼센트의 차이는 자기 감정에 충실하고 있는 자신을 느끼고 바라볼 수 있느냐 없느냐에 달렸다. 그러한 바라봄이 메타인지적 시선이다. 감정 상태를 읽어주면 메타인지적 시선을 아이에게 상기시킬 수 있다.

화를 내고 있는 영희에게 "영희야, 지금 그런 일로 화를 내면 되니?"라고 말하지 않고 "영희야, 너 지금 화를 내고 있어"라고 상태를 표현해주면 된다.

화를 내고 있는 상황이 정당한지 부당한지에 대한 판단보다는 현재 어떤 감정 상태로 있는지 마주 보게 하는 것이 자기존재감에 대한 주체적 인식의 첫걸음이 된다. 영유아기 타인의 시선에 의해 존재감이 형성되었다면, 초등 고학년 때는 자신의 감정 상태를 되짚어가면서 존재감을 스스로 인식하는 단계로 접어들게 된다. 그렇게 찾아들어간 존재감은 흔들

립 없이 자신을 지탱해준다.

　데카르트는 "나는 생각한다, 고로 존재한다"고 했다. 우리 초등 아이는 "나는 감정이 있다, 고로 존재한다"고 이야기한다. 그 감정을 일으키는 자신을 돌아보게 하는 작은 전환이 초등 자녀의 존재감을 확연히 드러나게 해준다.

내 아이를 위한
탄생 설화가 필요하다

흙을 빚어 숨을 불어 넣으니 사람이 되었다.

◆

〈창세기〉, 《성서》

수아는 귀를 기울이지 않으면 무슨 얘기를 하는지 알아듣기 어려울 만큼 목소리가 작고 말수도 없었다. 글씨 역시 너무 작아 자세히 들여다보아야 알아볼 수 있었다. 학교에서 늘 반듯했고 친구들 사이에서도 있는 듯 없는 듯 조용히 잘 지내는 아이였다. 그런 수아가 한창 사춘기 특성이 강해지는 중학교 입학을 앞두고 학교를 가지 않겠다고 선언했다.

성적이 우수했기에 수아의 엄마는 아이를 국제중학교에 보낼 생각까지 했다. 국제중학교 문 앞에서 수아는 모든 학업에 대한 의지를 놓아버렸다. 엄마는 어찌할 바를 몰라 하며 담임선생님도 만나고 상담실도 찾아갔다. 그러면서 도무지 이 상황을 어떻게 받아들여야 할지 모르겠고 아이를 이해할 수 없다고 했다.

유복한 가정에서 크게 어려움 없이 자란 아이에게, 말썽 한 번 일으킨 적 없던 수아에게 무슨 일이 있었던 걸까? 수아는 왜 갑자기 모든 걸 멈추고 싶어 한 걸까? 마음이 다급해진 엄마는 일까지 그만두고 수아에게 매달렸다. 아이를 설득하고, 야단치고, 쉬게 해주고, 소풍도 가보고, 할 수 있는 건 다하고 있지만 수아는 요지부동이었다.

우선은 전문가가 아닌 같은 엄마의 입장에서 애타는 마음이 이해되었다. 한 번도 크게 실망시킨 적이 없던 아이가 어느 날 폭탄처럼 터져버렸다. 스스로를 주저앉혀버렸다.

엄마의 심정에서 한 걸음 물러나 다시 전문가의 시선으로 보면 수아는 있는 듯 없는 듯 지내다가 어느 날 극단적인 신호를 보낸 것이다. 그런데 엄마는 신호가 빨간불이라는 것에만 멈추어 동동거렸지 신호의 방향은 못 보고 있었다. 그저 어떻게 하면 파란불로 바꿀까만을 생각하며 안절부절못했다.

수아에게는 두 살 터울 오빠가 한 명 있었다. 그 오빠는 이미 국제중학교를 다녔고 모든 면에서 월등했다. 오빠에게 집안의 모든 기대가 모여 있었다. 수아는 아무리 잘해도 오빠에 미치지 못한다고 여겨졌다. 오빠보다 성격이 유순하고 키우기 수월했던 수아는 부모에게 그저 그정도만 해줘도 괜찮은 아이였다. 엄마아빠의 기준에서 충분했는데 수아에게도 충분했을까?

수아가 초등학교 2, 3학년 즈음 이런 일이 있었다. 아빠는 오랜만에 친구들과의 부부 모임을 집에서 가졌고 거나하게 취해서 즐겁게 수다들이 오고갈 무렵 무심코 한마디를 했다.

"우린 첫째를 낳고 둘째는 가질 생각이 없었는데 어쩌다 보니 이렇게 됐어. 그래도 저만큼이라도 해주니 고맙지 뭐야."

그 자리에 있던 사람들 사이에 한바탕 웃음이 오갔고 저마다 자기 아이들에 대한 이야기를 주고받았다. 문제는 옆방에 있던 수아가 어른들의 말에 귀를 쫑긋 세우고 있었다는 사실이다. 모임이 끝나고 수아는

엄마아빠에게 물었다.

"엄마, 내가 왜 태어난 거야? 잘못해서 내가 나온 거야?"

"아니야, 그냥 어른들이 하는 소리야."

엄마는 대수롭지 않게 넘어갔다. 그러나 이 일은 수아에게 큰 충격을 안겼다. 수아의 마음 깊은 곳에서는 '나는 잘못해서 태어난 아이, 환영받지 못한 아이, 없어도 되는 아이'라는 믿음이 자라게 되었다.

스스로가 적절하지 않은 존재라는 근원적 믿음은 수아를 위축시키기에 충분했다. 자신이 잘한 일은 '어쩌다 보니 그렇게 된 것'이고 실수를 하거나 뭔가 잘못이 발견되면 깊은 무의식에서 '넌 쓸모없는 아이니까 그렇지, 넌 어떤 가치도 없어, 넌 부적절한 아이야'라는 공식이 발동되었다. 결국 수아는 자기 안으로 오그라들면서 세상 밖으로 나오려 하지 않았다.

아이들의 증상은 신호다. 신호가 뜨면 일단은 모든 걸 멈추고 그 신호가 가리키는 방향이 어디인지를 성찰해야 한다. 신호를 따라 아이가 가리키는 진실에 접근해야 한다. 신호 자체를 없애려 한다면 더 큰 대가가 기다리고 있다는 걸 잊지 말았으면 좋겠다.

아이의 출생을 과대포장하거나 미화할 이유는 없지만 엄마아빠가 어떤 경로로 만났든, 어떻게 아이를 갖게 되었든 아이를 환영한다는 이야기를 담백하게 들려주어야 한다.

"아빠가 엄마를 만나지 않았으면 아빠는 이렇게 안 살았을 거야."

"네 아빠를 만나지 않았으면 엄마 인생이 훨씬 편안했을 거야."

이런 말이 오가는 가정에서 아이는 자기 존재 이유 자체가 부정당한다고 느낀다. 여기에 자기가 어떻게 태어났는지에 대한 의문 자체가 불필요하거나 쓸데없는 질문이라는 식의 태도를 보이면 아이는 더 깊은 의심을 품는다.

힘들었던 출산과 어려운 환경을 이야기하면서 굳이 아이를 엄마의 고통 안으로 초대할 필요는 없다. 과하지 않은 방식으로 아이에게 출생 과정을 이야기책 들려주듯 해준다면 아이는 가장 중요한 대상에게 재수용되는 경험을 할 수 있다.

엄마가 들려준, 아버지가 무심코 흘린 나의 출생 비화와 이를 대하는 부모의 태도는 아이가 존재감에 근본적인 신뢰 또는 불신을 갖게 하는 잣대가 된다. 사실이 어쨌는지는 무의미하다. 아이가 자신의 존재 의미를 부적절하게 해석하고 그것을 내적 신념으로 구축해놓는다면, 실제로 부모가 아이의 출생을 정말 축하했다 해도 아무 소용없다.

중요한 것은 일련의 과정을 통한 아이의 해석이고 그 해석을 하게 한 부모의 태도에 있다. 수아는 어쩌다 생긴 자기 존재를 확인하기 위해 자꾸 소리를 줄여 타인이 더 귀 기울여 자기 말을 듣도록 만들었다. 자신의 환영받지 못한 비극적(?) 출생에 대한 애도를 끊임없는 자기존재감의 축소로, 그 행위를 통해 타인의 주의집중을 이끌어내는 것으로 보상받고 있었다. 수아의 목소리를 듣기 위해서는 한 번 더 귀를 기울여야 했고, 수아가 쓴 글을 확인하기 위해서는 한 번 더 들여다보아야 했다.

어느 민족에게든 '신화'가 존재한다. 그 신화는 허무맹랑한 경우가 대부분이다. 그 '신화'가 진짜인지 거짓으로 꾸며낸 것인지는 중요하지 않다. '신화'를 통해 민족은 연대의식을 가진다. 이는 바꾸어 표현하면 '공동체의 존재감'이다.

이 글을 읽는 학부모에게 권하고 싶다. 내 자녀를 위한 '탄생 설화'를 만들어보기를 바란다. 설령 아무 태몽도 꾸지 못했어도 "네가 태어나기 하루 전, 꿈속 바다에서 용이 금빛 나는 여의주를 물고 하늘로 올라가 더라"는 환상적인 이야기를 들려주자. 자녀는 자신의 존재 이유를 멋진 신화로 간직한다.

소확존, 소소하지만 확실한
존재감을 키워라

존재하지 않는 것을 사랑할 수는 없다.

◆

토머스 머튼, 《토머스 머튼의 시간》

"갓 구운 빵을 손으로 찢어 먹는 것, 서랍 안에 반듯하게
접어 넣은 속옷이 잔뜩 쌓여 있는 것, 새로 산 정결한 면
냄새가 풍기는 하얀 셔츠를 머리에서부터 뒤집어쓸 때의 기분."

소설가 무라카미 하루키가 말하는 소확행(小確幸), '소소하지만 확실
한 행복'이다. 많은 젊은이가 이 짧은 문구에 감동했다. 학령기에 다다
른 순간부터 수많은 경쟁과 마주하며 달리듯 살아온 젊은이들에게 소
확행은 그간 누리지 못한 작은 행복들을 떠올리게 하였다. 사실 이러한

소소하지만 확실한 행복을 가장 잘 누리는 이들은 따로 있다. 바로 초등학생이다.

초등학생들이 누리는 소확행은 나열하자면 끝이 없다.

점심시간 운동장에 나가 공 차기

쉬는 시간에 선생님 몰래 과자 한 봉지를 친구들과 나눠 먹기

학원 가기 전 편의점에서 컵라면 하나 사먹기

종이를 접어 작은 꽃 만들기

실과시간에 배운 뜨개질로 조그만 목도리 뜨기

체육시간 후 교실로 달려와 '내가 맨 먼저 들어왔다'고 소리치기

수업 중 갑자기 교실로 날아 들어온 참새를 보고 환호하기

과학실험에서 열심히 키운 배추흰나비를 창밖으로 내보내주기….

사실 존재감을 느끼는 것은 소확행 누리기와 비슷한 여정이다. 거창하지 않지만 무언가를 하고 있는 자기 느낌을 충실히 누리는 것이다. 많은 초등학생이 작고 소소한 것들 속에서 순간순간 현재에 충실하며 자신을 느끼고 있음에도, 이상하게 스스로를 '존재감 없음'으로 단정짓는 경우가 많다. 이유는 초등 아이가 소소한 존재감을 별로 중요하게 생각하지 않기 때문이다. 교내 대회에서 금상을 받거나 시험 성적이 월등하게 높지 않는 이상 그저 그런 존재감이라고 여기는 인식이 깊게 자리하고 있다.

이는 스스로 그렇게 생각한 것이 아니라 타인에 의해 주입된 결과물이다.

수학경시대회가 끝나고 성적이 발표되던 날 수빈이의 얼굴이 붉어졌다. 뭔가 불만족스런 표정이 가득했다. 수빈이의 점수는 96점, 한 문제를 틀렸다. 100점 맞은 학생이 없었기에 최고점이었다. 하지만 수빈이는 잠시 화장실을 다녀오고 싶다며 교실을 나갔다.

짐작이 갔다. 울기 위해 가는 것이었다. 화장실에서 돌아온 수빈이의 눈가에는 미처 다 닦아내지 못한 눈물자국이 선명했다. 아직도 뭔가 남아 있는 듯 책상에 엎드려 주체할 수 없는 눈물을 흘리며 푸념했다.

"엄마가 100점 맞으면 2만 원짜리 샤프를 사준다고 했는데… 한 문제 때문에…."

다가가 '괜찮다고, 그 정도면 아주 잘한 거라고' 말해줄까 하다가 멈추었다. 전혀 위로가 되지 않을 말이기 때문이었다. 짝꿍이 말을 걸려 하는 것도 손짓으로 놓아두라고 했다. 차라리 혼자 슬퍼하도록 하는 것이 수빈이에게는 위로의 시간이 될 것이다.

솔직히 담임으로서 화가 났다. 매년 수빈이와 같은 아이를 본다. 초등 시기 한 문제 더 맞고 틀리고가 얼마나 중대한 일이라고 이렇게 우리 아이들을 서럽게 만들어버리는지 안타까울 뿐이다. 100점을 맞아야 존재감을 인정하려는 아이의 미래는 너무도 험난해 보인다.

민혁이는 간신히 80점을 맞았다. 처음 수빈이가 우는 모습을 보고 이해가 안 된다는 표정을 지었다. 그리고 친구들에게 자랑하듯 말했다.

"야~ 이번에는 찍은 문제들이 기가 막히게 맞았다. 내가 80점이라니… 대박이다."

그렇게 신나는 표정을 지으며 운동장으로 달려나가 축구를 하고 땀을 흘리며 들어와서는 오늘은 정말 운이 좋다는 듯 한층 더 고조된 목소리로 말했다.

"선생님, 오늘 정말 최고예요. 빗맞은 공이 골인이 됐어요."

사실 민혁이는 60점을 맞아도, 축구하다가 한 골도 넣지 못해도 늘 싱글벙글이었다. 심지어 친구들 간의 사소한 다툼으로 담임에게 혼이 나도 뒤돌아서면 다시 반짝거리는 눈동자를 굴리며 어디 재미있는 것이 없는지 기웃거렸다.

존재감은 자기만족감과 긴밀히 연결되어 있다. 지금 이 순간 누리는 소소한 만족감은 존재에 가치를 부여한다. 그것이 반복되고 지속되면 자아존중감으로 발전한다.

소소한 만족감을 차단시키는 가장 큰 원인은 고정관념이다. 엄밀하게 말하면 자신이 속한 환경의 집단 고정관념이다. 초등 아이에게는 가정에서 주입된 고정관념이 될 수 있다. 고정관념은 주변 어른으로부터 전수된다. 특히 '~하지 않으면 어떻게 된다'며 정해진 길을 따르는 것이 유일하게 안전한 방법이라는 위협과 함께 주입된다.

이러한 집단 고정관념에 대해 달라이 라마는 《당신은 행복한가》라는 저서에서 이렇게 말했다.

"무의식 속에 두려움을 지닌 사람은 그가 하는 행동이나 일이 자신의 집단에 존재하는 고정관념을 따릅니다."

'무의식 속에 두려움을 지닌 사람'은 소소한 존재감을 느끼기 어렵다. 늘 경직된 상태다. 집단에서 정해준 고정관념 속에 숨어야 그나마 안도감을 느낀다. 그것이 자신을 지켜주는 유일한 피난처라 여기기 때문이다.

안타깝지만 어느 순간부터 우리 사회는 초등학생에게까지 완벽함을 요구한다. 계획을 세우고, 계획대로 일정을 마치고, 제대로 했는지 평가를 통해 검증받아야 한다. 그 와중에 정해진 기준을 넘지 못하는 실수는 받아들여지지 않는다.

아이답지 못하게 지극히 경직된 상황에서 작고 소소한 행복이 중요하다는 말은 아무런 힘을 발휘하지 못한다. 적어도 수빈이에게는 말도 안 되는 이야기다. 100점이 아니었기에, 자신이 그토록 원하던 샤프를 손에 쥘 수 없는 존재가 되어버릴 뿐이다.

수빈이가 용돈을 조금씩 모아 2만 원짜리 샤프를 산다면 작지만 확실한 행복을 누릴 자격이 있는 존재가 된다. 하지만 그런 허락은 주어지지 않았다. 다음 시험까지 다시 100점을 맞기 위한 준비만이 남아 있다. 수빈이와 같은 아이가 그런 상황에서 얼마나 더 버텨낼지 담임으로서 걱정이 앞선다. 초등까지는 그래도 어떻게든 견뎌낼 것이다. 하지만 중고등학교에 가서는 어떨까? 희망이 보이지 않는다.

연세대 소아정신과 신의진 교수의 저서 중 《현명한 부모는 아이를 느리게 키운다》는 제목이 있다. 느린 듯 보여도 그 아이는 소소하지만 확실한 존재감을 충분히 누리는 자아로 성장하게 된다.

아이들이 소확존을 느끼도록 느리게 키우는 현명한 부모가 더욱 많아지기를 기대해본다.

5장

자아존중감이 미래를
결정짓는다

형편없어 보일 때
존중감은 형성된다

~~~~~~

그리고 만일 내일 날씨가 좋지 않더라도…

또 다른 날이 있겠지. 자, 어디….

◆

버지니아 울프, 《등대로》

자녀의 존재감 형성은 사실 워밍업에 불과하다. 그리고 생각보다 어렵지 않다. 기본적으로 자주 바라봐주고 귀 기울여주는 것으로 충분하다. 자녀의 내면에서 일어나는 감정적 전이현상에 판단을 배제한 채 한 걸음 떨어져 있어주기만 하면 된다. 부모가 맞벌이하느라 아무리 바빠도 틈나는 대로 지극한 눈으로 바라봐주면 된다. 자녀는 부모의 눈동자 속에 비치는 자신을 인지하며 존재감을 느낀다.

오랜 시간 바라봐주기보다 잠깐이라도 자주 응시하는 게 중요하다. 아침에 일어나서 눈을 마주치고, 퇴근해서 마주하고, 밥 먹다 한 번 바라보고, 잠들기 전 아무 말 없이 눈인사를 하면 충분하다. 부모가 고개를 돌리고 허리를 구부려서 자신을 바라보는 횟수가 많을수록 자녀는 스스로의 존재감을 의심하지 않는다. 언제든 자신을 응시하는 누군가가 있다는 것만큼 존재에 확신을 가지게 하는 것은 없다.

하지만 자아존중감은 다르다. 주변 사람의 더 의식적인 노력이 필요하다. 자아존중감을 세우기 위해서는 형편없어 보이는 순간에 단 한 사람이라도 누군가(타인)에 의해 존중받는 경험이 절대적으로 필요하다. 그러한 순간 아무도 바라봐주는 이가 없을 때, 존재감은 있을지라도 존재하는 자신에 대한 존중감이 없어진다.

내 자녀가 아주 형편없어 보이는 순간이 바로 부모로서 의식적 노력이 필요한 때이다. 자녀가 단순한 실수 정도가 아니라 제법 큰 실패를 맛보는 순간이 존중감을 채워줄 몇 안 되는 좋은 기회가 된다. 즉 생각밖으로 형편없는 점수를 받아왔을 때, 믿었는데 배신감이 들 정도로 부모에게 거짓말한 상황이 드러났을 때, 친구관계에서 매우 수치스런 행동으로 수모를 겪었을 때 등 초등학생이 스스로 일어날 힘이 없어 보이는 순간들이다.

하지만 그러한 순간들에서 대부분의 부모는 자녀를 바라보는 시선을 거둔다. 거기서 그치는 것이 아니라 심한 질타를 하거나 훈육이라는 이름으로 자녀의 형편없음이 여지없이 더 드러나게 만든다. 그 부끄러움을 아이는 무의식에 이렇게 각인시켜놓는다.

'내가 보잘것없는 순간에는 아무도 나를 바라봐주지 않는구나.'

앞에서도 말했지만 자아존중감은 자신이 바닥에 떨어졌음에도 누군가 바라봐주는 단 한 사람이 있을 때 형성된다. 그나마 다행인 것은 주변의 많은 사람이 바라봐주지 않아도 된다는 점이다. 단 한 사람만 그 순간 곁에서 아무 판단 없이 바라봐주면 된다.

'내가 이렇게 형편없는 놈인데도, 엄마는 나를 계속 바라봐주는구나'라는 느낌을 받는 것이 중요하다.

교실에서 아이들을 관찰하다 보면 주눅이 든 듯 작은 일에도 유독 소심하게 행동하는 아이를 발견한다. 토론이 아니라 단순히 의견을 묻는 질문에조차 답변하기를 주저한다. 심지어 사소한 선택의 순간에 지나치다 할 만큼 결정을 미룬다.

민영이가 그랬다. 처음에는 성격이 지극히 내향적이고 소심한 아이 정도로 생각했다. 하지만 성격 문제가 아니었다.

버스를 타고 1시간이 훌쩍 넘게 가야 하는 현장체험 학습날이었다. 중간에 휴게소에 들르기 어려웠기에 학생들에게 화장실을 미리 가라고 했다. 대부분의 아이가 화장실을 다녀오느라 분주했는데 민영이는 전혀 움직이지 않았다.

"민영아, 화장실 다녀오는 게 좋을 거야. 버스 타고 오래 가. 중간에 휴게실도 들르지 않을 거고."

하지만 민영이는 웃고만 있었다. 한 번 더 눈짓으로 다녀오라고 하자 그제야 다가와서 조용히 입을 열었다.

"선생님, 전 학교 화장실 안 가요. 매일 잘 참아요."

뭔가 이상하다는 느낌을 받았다.

현장체험 학습을 다녀오고 며칠 지나 민영이를 조용히 불렀다. 정말 학교에서 화장실을 가지 않는지, 이유가 무엇인지, 그리고 하루 종일 어떻게 화장실을 안 가고 버티는지 찬찬히 물었다. 한참을 망설이다 민영이가 대답했다. 유치원 화장실에서 볼일을 보다가 그만 소변이 바지에 흥건하게 묻었는데 친구들에게 오줌을 쌌다는 놀림을 받았다고 했다. 유치원 선생님도 민영이가 정말 소변을 바지에 지렸다고 생각하고 여벌옷으로 갈아입혀주었다.

나중에 민영이를 데리러 온 엄마는 유치원 선생님에게서 소변 묻은

옷을 받으며 무심코 한마디했다.

"아유~ 냄새. 선생님, 죄송해요. 교실에 냄새가 많이 났겠어요."

옆에서 이 말을 들은 민영이는 그 순간 밀려오는 부끄러움에 고개를 들 수 없었다. 그 후로 집 밖을 나와서는 화장실에 가지 않는다고 했다. 밖에서는 아무리 더워도 물도 마시지 않았다. 소변이 마려울까 봐 겁나기 때문이었다.

하루 종일 친구들의 놀리는 시선, 바쁜 와중에 민영이의 바지를 갈아입혀야 했던 선생님의 분주한 시선, 어느 곳에서도 민영이는 숨을 곳이 없었다. 마지막으로 엄마가 오기만을 기다리며 견뎠는데, 엄마의 입에서 처음 나온 이야기가 '아유~ 냄새'였다. 민영이의 존재감은 부끄러움으로 뒤덮였고 자존감은 한없이 낮아졌다. 냄새나는 아이가 되는 순간 자신은 그 누구에게서도 따뜻한 시선을 받을 수 없다는 공포감이 밀려들었고 이는 초등학교 중학년이 된 지금까지 민영이를 쥐고 흔들었다.

나는 면담을 하다 의자에서 일어나 옆으로 다가갔다. 무릎을 꿇듯이 몸을 낮춰 민영이의 손을 잡고 올려다보며 말해주었다.

"그때 이렇게 민영이에게 다가간 사람이 아무도 없었구나. 누구나 그런 실수를 하는데도 민영이에게 괜찮다고 말해준 사람이 없었구나. 괜찮아, 민영아. 선생님 눈을 봐. 너처럼 예쁜 아이도 드물단다. 선생님은 너를 아주 좋아해. 옷에 똥을 묻히고 교실을 뛰어다녀도 널 좋아할 거야."

똥이라는 말에 민영이는 오랜만에 웃음을 보였다.

평범하게 지나가는 일상적인 순간에는 아이의 자존감을 튼튼하게 할 수 없다. 튼튼한 자존감은 내 아이가 가장 수치스럽다고 여기는 순간 눈을 마주하고 옆에 있어주는 누군가에 의해 형성된다.

자기위로는 에너지를 준다

~~~~~~

나는 내가 이 세상에서 제일 좋아.

◆

정연경 감독, 영화 시나리오 〈나를 구하지 마세요〉

초등 사춘기 아이는 자신의 지난 역사 안에서 많은 것을 기억한다. 상실의 기억, 혹은 뭔가 손해 본 기억이 불쑥 자신을 찾아온다. 그동안 별일 없이 잘 지내왔다가도 마치 과학실험의 촉매제처럼 아주 작은 무언가를 통해 당시 상황이 소환된다. 그리고 그 상실의 순간 억눌러놓았던 자신을 떠올리며 격한 감정을 표현한다.

안타깝지만 어른이 생각하기에 그들이 말하는 상실, 손해는 그리 큰 일이 아닌 경우가 대부분이다. 그러한 상실을 준 가해자는 그 일을 기억조차 못 할 때가 많다. 심지어 가해자가 없는 경우도 있다.

그렇지만 초등 사춘기 때 자기 스스로 무언가 말해야 했던 선택의 순간 멈칫거리며 주저했던 일들이 아쉬움으로 남아 밀물처럼 서서히 차오른다.

6학년 영철이는 개별 면담 중에 이런 말을 꺼냈다.

"민수가 정말 싫고 짜증나요."

순간 긴장했다. 평소 불만을 별로 표현하지 않던 영철이었기에 귀담아들을 필요가 있었다. 처음에는 최근에 민수와 뭔가 안 좋은 일이 있었다고 하는 줄 알았다. 하지만 이어지는 말을 들으니 담임으로서 바라볼 때 그리 큰일이 아니었다.

"3학년 때 체육수업 끝나고 민수가 나보다 빨리 교실에 들어왔어요."

나는 뒷말을 기다렸다. 이어서 큰일을 이야기할 거라 생각했다. 하지만 더 이상 말이 없기에 질문했다.

"그래서 다음에 어떻게 됐는데?"

"기분 나쁘잖아요. 나보다 먼저 들어와서 마치 자기가 더 빠르다는 듯 웃는 게…. 사실은 내가 먼저 들어오는 건데 걔가 내 등을 잡아당겼거든요."

"혹시 그때 기분이 나쁘다고 민수에게 말했니?"

"아니요. 그땐 기분이 나쁘긴 했지만 말할 정도는 아니었어요. 근데 지난주 체육시간 끝나고 갑자기 그 생각이 나면서 너무 짜증나고 화까지 났어요."

　대충 어떤 상황이었을지 상상이 갔다. 3학년 정도의 남자아이라면 당연한 일이었다. 아마도 몇 명의 남자아이가 체육시간이 끝나고 교실로 달려 들어오는 와중에 서로 밀고 잡아당기는 실랑이가 벌어지고 그중 민수가 가장 먼저 들어와 기쁨의 미소와 함께 "내가 1등이다!"라고 외쳤을 것이다. 뒤이어 들어온 영철이는 숨을 헐떡이며 아무 환호성도 내뱉지 못하고 아쉬운 표정을 지었을 게 상상되었다.

　영철이는 3년이 지나 어느 체육시간이 끝날 무렵, 당시 기억을 소환해냈다. 그때 민수가 자신을 앞질러 교실에 들어가던 순간, 그 웃음소리를 기억했다. 그리고 자신이 맛보아야 했던, 가장 먼저 교실에 골인하는 영광과 기쁨을 가로챈 민수에게 화를 내고 있었다.

　지금 와서 다른 반 민수를 불러 그런 일이 있었는지 물어본들 기억이 날 리가 없었다. 영철이도 알고 있었다. 그래도 민수는 아무것도 모르고 있다는 사실 자체가 더 화난다고 했다. 잠잘 때도 생각나는데 그때마다 화가 난다고 했다. 엄마에게 말해볼까 했지만 뭐 그런 일을 가지고 그러느냐고 잊어버리라고 할 게 뻔하고, 잊히지 않는데 잊으라고 한다고 되는 게 아니라고 한탄했다.

　사실, 영철이는 민수에게 화를 내는 것이 아니었다. 민수가 비겁하게 자기 등을 잡아당긴 것이 분하지만, 사실 그때 그 상황에서 민수에게 아무 말도 못한 스스로가 미워진 것이다. 민수와의 상황은 일상의 소소한 부분에서 늘 아무 말도 못하고 그냥 지나왔던 자신의 모습을 대변해주는 상징적인 사건이었다.

영철이는 자기 모습을 인지하기 시작했다. 시선의 확장면에서는 긍정적이었지만 지속적으로 자기에게 불만을 가지면 자아존중감에 좋지 않은 영향을 미친다. 그때는 그럴 수밖에 없었던 스스로를 위로해주는 시간이 필요했다.

간단한 인형놀이를 했다. 마땅한 인형이 없어 종이컵에 사람 얼굴을 그려 넣었다.

"영철아, 여기 종이컵 인형이 있어. 이건 민수야. 민수에게 못했던 말을 지금 해."

"에이, 선생님. 제가 무슨 어린아이인가요. 종이컵 인형놀이라니요."

"일단 말해봐. 말하는 게 중요한 거야. 언제 또 비슷한 일이 벌어질지 몰라. 연습한다 생각하고 말해봐."

영철이는 조금 부끄럽다는 듯이 멈칫하다가 말을 꺼냈다.

"야, 니가 내 등을 잡아당기고 들어왔잖아. 그건 반칙이야."

영철이에게 잘했다고 칭찬을 해주고는 종이컵 하나를 더 꺼냈다. 눈코 입을 그려 넣고 '영철'이라고 적었다.

"영철아, 이제 너한테 네가 말을 하는 거야."

"네? 무슨 말을 해요?"

"위로해줘."

"네?"

"그때 아무 말도 못하고 멈칫거렸던 너한테 말해줘. 다음부터는 용기를 내도 된다고, 그동안 뭔가 불만이 있어도 말하지 못하고 참고 살아온 너를 위로해줘. 얼마나 힘들었겠니."

영철이는 '얼마나 힘들었겠니'라는 말에 잠시 눈가에 눈물방울이 맺혔다.

"그 누가 너를 위로해도 소용없어. 네가 너를 위로해주는 게 진짜야. 선생님은 잠깐 상담실 밖에 있을 테니까 뭐든 종이컵 영철이에게 말해줘. 수고 많았다고. 고생했다고. 다음에는 널 그렇게 맘 상하게 그냥 내버려두지 않겠다고… 알았지?"

잠시 상담실을 나와 복도를 서성이다 노크를 하고 문을 열었다. 영철이의 눈동자가 한결 밝아져 있었다. 뭔가 짐을 하나 내려놓은 표정이었다.

"선생님, 이상하게도 갑자기 내가 나를 좋아하게 됐어요. 난 내가 좋아요."

많은 경우 타인에게 상처받아서 자아존중감이 낮아진다고 여긴다. 하지만 모두 그런 것은 아니다. 적절한 순간 자기방어기제를 표출하지 못했을 때, 그러한 자신의 나약함에 스스로를 함몰시키는 경우도 적지 않다.

방어기제는 비겁한 것이 아니다. 타인의 시선에서 잠시 나를 보호하는 갑옷 역할을 해준다. 심리적 무장해제가 답이 아니다. 필요한 순간 필요한 무기를 꺼내들지 못했던 자신을 바라보며 작은 말 한마디, 한 줄기 눈물로 보듬는 '자기위로'는 지난 자신을 용서하는 소중한 순간이 된다.

초등 사춘기 아이는 아직 많이 미숙하다. 아이가 지난 시간들, 머뭇거리고 두려워했던 자신을 향해 너그러운 인사말을 하게 해야 한다.

완벽하지 않아도 괜찮아

사람들이 리더를 기억하는 것은

그가 자신을 위해 일하기 때문이 아니라

타인을 위해 일하기 때문이다.

◆

제임스 쿠제스, 《최고의 리더》

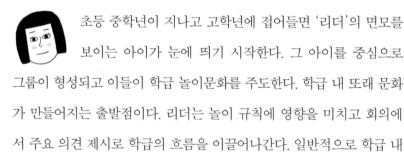 초등 중학년이 지나고 고학년에 접어들면 '리더'의 면모를 보이는 아이가 눈에 띄기 시작한다. 그 아이를 중심으로 그룹이 형성되고 이들이 학급 놀이문화를 주도한다. 학급 내 또래 문화가 만들어지는 출발점이다. 리더는 놀이 규칙에 영향을 미치고 회의에서 주요 의견 제시로 학급의 흐름을 이끌어나간다. 일반적으로 학급 내 왕따나 은따, 다툼이 '또래 집단'을 통해 발생되는 경우가 있기 때문에 어른은 이를 부정적으로 바라보기도 한다. 하지만 리더를 중심으로 한 또래 집단의 형성은 그 시기 매우 자연스런 현상이다. 또한 보이지 않

게 학급 내에서 긍정적 역할도 한다. 초등 고학년 시기는 개인에서 집단이라고 하는 '사회'의 구성원이 되기 위한 작은 연습을 시작하는 때이다. 개인의 주체적 의지를 발휘하면서 동시에 민주 시민의 자질을 갖추기 위한 가장 효과적인 연습이 '또래 문화'를 어떻게 형성하느냐에 달려 있다. 이는 인간관계 형성을 배우는 중요한 연습의 장이 된다.

담임 입장에서 '리더' 역할을 하는 학생과의 교감은 무척 중요하다. 아이들 간에는 '리더'이지만 담임 입장에서는 담임과 학급 아이들 간의 교량 역할을 하기 때문이다.

리더 학생과 담임의 마찰은 담임 대 학급 전체 학생들과의 대립으로 확대되기도 한다. 그만큼 학급 '리더'의 위치는 중요하다. '리더' 역할을 해주는 학생이 잘못된 방향으로 가고 있다는 판단이 들 때 담임이 적극 개입에 나서지 않을 경우 학급 전체에 큰 파장을 일으키므로 항상 관찰해야 한다. 고학년 담임의 1년간 학급 운영은 학기 초 한 달 이내에 '리더' 학생들과 공감을 형성하느냐 못하느냐에 달려 있다고 해도 과언이 아니다.

이는 교육적이라기보다는 사실 정치적이라고 할 수도 있겠지만, 교실도 하나의 '사회'라는 관점에서 당연히 마주해야 할 현실이다. 안타깝게도 현재의 한국 사회에서 '정치'라는 단어는 부정적 이미지로 비춰지지만, 원래는 문제 해결을 위한 민주적 조정이라는 의미다. 그래서 반드시 배우고 지나야 할 사회적 기능이다.

가장 이상적인 경우는 학급에 두세 명의 리더가 존재해 각자의 그룹을 이끌어나가고, 서로의 경계를 적절히 지켜주는 상황이다. 마치 행정부, 입법부, 사법부가 3권 분립의 형태로 독립적으로 존재하면서 상호 견제해주고 약간의 팽팽한 긴장선에서 평형을 이루듯 이럴 때 학급 운영에서도 균형이 유지된다.

긍정적 리더의 면모를 보이는 아이를 중심으로 형성된 그룹은 1년을 넘어 다음 학년으로까지 이어지지만, 자기중심적 리더가 이끄는 그룹은 형성과 해체가 반복된다. 담임은 아직 서툰 리더라도 어느 정도 인정해주면서 방향성을 잡아주는 나침반의 위치에 있어야 한다.

보통 리더에는 두 가지 타입이 있다. 우선 어떤 뛰어난 능력을 발휘하는 아이다. 공부를 아주 잘한다거나 악기를 잘 다루거나 운동을 잘하

는 능력을 말하는 것이 아니다. 그 아이들은 부러움의 대상이 되기는 하지만 리더로 따르지는 않는다.

여기서 뛰어난 능력이란 놀이를 주도하는 역할이다. 적절한 순간에 새로운 놀잇감을 가져오거나, 게임을 창출해내는 능력이다. 또 놀이 규칙을 만들고 새롭게 추가하는 능력을 말한다. 아이들의 최대 관심은 쉬는 시간, 점심시간에 하는 놀이에 있기 때문에 이러한 짧은 시간 동안 효율적으로 몰입할 놀잇거리를 충분히 가지고 있는 아이 곁으로 모이게 된다.

다른 타입의 리더는 지극히 평범한데도 아이들이 곁으로 모이는 경우로 이런 리더는 그룹의 중심에 서 있는 듯 보이지도 않는다. 하지만 그의 한마디가 그룹의 움직임을 결정한다. 가만히 살펴보면 탁월한 '중재자'로서의 역할을 하기 때문이다. 초등 시기 아직 자기중심성이 남아 있는 상황에서 아이들을 중재하기란 매우 어렵다. 그럼에도 그들은 순위를 정해서 그룹 내 친구들에게 공정하게 이익이 돌아가도록 중재해준다. 이런 리더는 보다 큰 시야 혹은 감각을 가졌기에 구성원들이 흩어지지 않게 한다.

어떤 스타일의 리더이든 궁금해진다.

'어떻게 그 아이는 자연스럽게 '리더'로 인정받게 되었을까?'

리더가 되고 되지 않고의 중앙에 '자존감 형성'이 있다. 물론 자존감이 형성되었다고 해서 모두 리더가 되는 것은 아니다. 하지만 리더의 위치에 있는 아이에게 자존감이 없는 경우는 드물다. 리더가 자존감이 없을 경우 그 그룹은 오래 가지 못한다.

한 리더를 중심으로 그룹이 형성되는 과정은 사실 수많은 반대를 거친다. 쉽게 표현해서 반대이지 당사자 입장에서는 견디기 어려운 비난에 가깝다. 자아존중감이 없는 아이는 대부분 그러한 비난들 앞에서 스스로 멈추어버린다. 어찌 보면 비난과 수모를 겪으면서도 좌절하지 않는 '자존감'이 있어야 마지막까지 리더로 살아남는다. 초등 아이들 간에 무슨 비난과 수모가 있겠느냐고 생각할 수 있겠지만, 아이들의 심리 상태는 어른들의 세상과 별반 다르지 않다. 질투와 견제, 승부에서의 패배, 전략과 전술이 변칙적으로 수시로 튀어나오고 그 와중에 받는 상처들에 대해 '자존감'이란 무기가 없을 경우 버티기가 어렵다. 그런 과정을 거쳐 오른 리더의 위치는 사실 영광에 가깝다.

그렇다면 더더욱 궁금증이 생긴다.

'그러한 과정을 거치면서까지 리더에 오를 수 있도록 견디고 버티게 해주는 자존감을 그들은 어떻게 형성했을까?'

뛰어난 놀이 능력으로 친구를 몰고 다녔던 재민이에게 '어떻게 그렇게 매번 새롭고 재밌는 놀이를 생각해낼 수 있는지' 물었다. 대답은 의외였다.

"매번 재밌는 건 아니에요. 친구들이 재미없다고 말한 경우가 더 많아요."

"선생님이 보기에는 정말 친구들이 재미있어하는 거 같던데?"

"그건 요즘 그런 거예요. 옛날엔 안 그랬어요."

"어떻게 재밌게 된 거야?"

"재밌다고 할 때까지 계속 새롭게 만드는 거죠."

"친구들이 재미없다고 말했을 때, 밉거나 힘들지 않았어? 어떻게 계속 만들 생각을 했어? 선생님 같으면 자존심 상해서 그만하고 싶었을 것 같은데…."

"헤헤, 어차피 완벽할 순 없잖아요."

'어차피 완벽할 순 없다'는 이야기 속에 숨은 '자기존중감'을 볼 수 있었다. 진정한 자기존중감은 '완벽하지 않아도 괜찮아'라는 격려에서 자란다. 그러한 말을 수시로 듣는 아이들은 실패한 순간을 당연한 하나의 과정으로 생각할 뿐 그 이상의 의미를 두지 않는다.

심리학자 웨인 다이어는 저서 《행복한 이기주의자》에서 윈스턴 처칠의 말을 인용하며 '완벽하라'는 표현은 '무기력'과 같다고 말한다. 완벽이 최선인 듯 훈육할수록 자녀의 자존감은 더욱 떨어진다. '완벽하지 않아도 괜찮다'는 격려야말로 자녀를 '리더'에까지 오르게 하는 '자아존중감'을 길러준다는 사실을 기억해야 한다.

경계선을 유지할 때
자존감이 보인다

적당한 거리가 나를 지켜준다.

◆

정신과 의사 윤홍균, 《자존감 수업》

 초등 6학년 상욱이는 처음 엄마와 함께 상담소를 찾아왔을 때, 고개를 숙이고만 있었다. 엄마는 걱정스럽게 말문을 열었다.

"요즘 들어 부쩍 말수가 적어졌습니다. 우울해하고, 뭘 물어봐도 그냥 괜찮다고 하고 끝입니다. 원래 이런 애가 아니었어요. 남자애치고 정말 싹싹하고 눈치도 빨라서 전혀 걱정하지 않았어요. 그런데 갑자기 너무 이상해졌어요. 차라리 그저 사춘기이면 다행일 것 같다는 생각을 해봅니다. 별일 아니었으면 좋겠어요."

상욱이에게는 위로 두 살 터울인 형, 아래로는 초등학교 2학년인 여동생이 있다. 아빠와 엄마는 4년 전 이혼했다. 아빠는 매달 양육비를 보내고 일주일이나 이주일에 한 번씩 아이들과 만나 식사를 했다. 아빠의 양육비가 있지만 엄마는 아이들과 자신의 삶을 좀 더 지켜나가기 위해 외할머니의 도움을 받아 직장을 나갔다.

상욱이가 보기에 형은 해야 하는 것도 하기 싫으면 안 했다. 반대로 하지 말아야 하는데도 자기가 하고 싶으면 그냥 했다. 동생은 아직 어려서 늘 외할머니의 관심과 보호를 받았다. 엄마는 늦은 시간에 퇴근하며 지친 모습이 역력했고, 한 번씩 만나는 아빠도 뭔가 편해 보이지만은 않았다.

엄마는 아이들 셋 모두에게 지극정성이었고 헌신적인 태도를 보였지만 현실적인 한계들 때문에 힘에 부치는 순간이 많았다. 그런 엄마를 지켜보며 외할머니는 언제나 걱정의 말을 입에 달고 살았다.

"저러다 네 엄마 병나면 큰일 난다. 엄마 힘든데 너마저 형처럼 말썽 피우지 마라."

'너마저'라는 단어는 어린 상욱이로 하여금 자신의 감정 욕구를 죽이고, 늘 가족들이나 주변 사람들을 먼저 살펴야 한다는 내적 당위성이 생기게끔 하였다. 이런 상황에서 상욱이는 자신이 뭘 하고 싶은지 하기 싫은지 들여다볼 여유가 없었다.

초등학교 고학년이 되면 사고의 확대가 시작된다. 즉 하나의 사건을 다양한 관점으로 재구성할 수 있게 된다. 또한 한창 뇌에 구체적 분화가 일어나면서 부모의 부조리나 부당함들에 민감해진다. 예민함과 새로운 사고로 인한 반항심으로 자기존재감을 새롭게 표출하는 시기다.

이때 자기 욕구를 인지하지 못하거나 혹은 억눌러버리면 감정을 잃어버리는 경험을 하게 된다. 내 감정과 타인의 감정에는 적절한 경계선이 형성되어야 하는데 그 선이 무너져버린다.

상욱이는 이러한 사례의 대표적인 양상을 보였다. 자기 감정을 드러내지 않음으로써 가족의 평화를 유지하려 했다. 그렇다 보니 엄마가 기쁘면 상욱이도 즐거워졌고 형이 말썽을 부리면 상욱이는 불안했다. 주변 상황에 민감하게 반응하고 자신의 상태에는 둔감하게 대처하는 아이의 행동 패턴은 학교에서도 마찬가지였다. 상욱이는 친구들이 강하게 표현하거나 요구하는 것에 대부분 맞추었다. 선생님이 무얼 원하는지도 다른 아이들보다 훨씬 민감하게 알아채고 대응했다. 어른들의 입장에서는 상욱이가 편하고 더 살갑게 느껴졌기에 늘 이런 말을 해주었다.

"상욱이 덕분에 편하구나."

"다른 애들도 상욱이만큼만 하면 참 좋겠다."

최근 학교에서 방과 후 축구부를 모집했다. 점심시간마다 축구를 하던 상욱이도 축구부에 들어가고 싶어 했다. 하지만 바로 포기했다. 학교에 늦게까지 남아 있어야 하는데 그러면 자신의 하교를 위해 엄마나 할머니가 바빠진다는 생각에 그대로 멈춰버렸다. 이런 일상의 반복으로 결국 상욱이는 자기 감정에 무감각해졌다.

상담을 받는 내내 엄마는 억울해했다. 자신은 어떠한 강요를 한 적도 없고, 최대한 감정을 마음껏 표출하도록 했는데 상욱이가 자기 감정을 인지하지 못하게 되었다는 것이 믿기지 않는다는 표정이었다.

많은 엄마가 간과하는 사실이 있다. 초등 아이들에게는 언어보다 비언어적 소통이 더욱 직접적으로 다가온다는 것이다. 상욱이 엄마의 피곤한 표정, 형제나 다른 가족의 모습이 모두 비언어적 요구로 '너만 참으면, 너만 양보하면'이라는 메시지를 전달했다.

"그럼 부모는 아무리 힘들어도 자녀 앞에서 표현하면 안 되나요?"

이렇게 질문하는 학부모가 많다. 부모 또한 감정이 있고, 힘든 하루가 있다. 그러한 것들은 눈에 보이지 않지만 전이 현상을 일으킨다. 문제는 아직 아이에게는 전이 현상에 대한 방어기제가 형성되지 않았다는 사실이다. 자기도 모르게 이러한 부모의 힘겨움이 자녀에게 전달되었다고 느낀 순간, 눈을 마주하고 구체적으로 안정감을 주는 표현을 해야 한다.

"엄마가 지금 피곤한 건 회사 업무가 많아서 그런 거야. 상욱이 때문이 아니야."

상욱이에게 필요한 건 자신이 형이나 동생처럼 행동해도 엄마가 무너지지 않고 아빠가 떠나지 않을 수 있다는 '안정감'이다. 자기마저 흔들리면 가정 전체가 흩어진다는 불안감은 초등 6학년 아이가 감당하기에는 너무 가혹하다. 그동안 상욱이는 타인의 감정을 자신의 감정으로 떠안으며, 타인의 상태를 자신의 상태로 흡수하며 버티고 있었던 것이다.

　더욱 문제가 되는 것은 근본적인 자기존재감에 대한 경험 기억이 없는 것이다. 존재감 경험의 부재는 스스로를 무의미함으로 밀어넣는다.

　상욱이가 더 이상 이런 상황을 견디기 어려운 순간에 이르렀을 때 멍해지고 집중력이 없어지는 증상이 나타나기 시작했다. 무기력한 대응은 상욱이가 취할 수 있는 자기존재감에 대한 마지막 생존전략이었다. 타인과 환경의 요구로부터 달아나는 유일한 방법이었다.

　내 욕구와 감정을 알아차릴 때 자기존재감을 맛본다. 그리고 타인의 감정에 자신이 휘감기지 않도록 어느 정도 경계선이 유지된다. 아이들에게는 아직 경계선을 형성시킬 능력이 부족하다. 부모가 감정을 쏟아부으며 경계선을 허물지 않도록 의식하는 깨어 있음이 절대적으로 필요하다.

　"가장 위대한 성공 비결은 실패의 자유다."

　페이스북 CEO 마크 저크버그가 한 말이다. 자아존중감의 성취 역시 마찬가지다. 부족함을 보여도, 무엇이든 시도하다 실패해도 괜찮은 환경이 존중감을 살려준다.

검열관은 자존감을 억누른다

"진짜 제대로 한 거라고 생각해?"

질긴 검증 과정에 내면은 너덜너덜해진다.

◆

아동문학가 세르주 블로크, 인터뷰 중

효진이 엄마가 상담실을 찾아온 건 따스한 봄날이었다. 효진이 문제로 담임교사와 면담을 하던 중 효진이에게 전문 상담을 받게 하면 어떻겠느냐는 권유를 받고 찾아오셨다. 효진이를 대상으로 상담 신청을 했지만 몇 번의 사전 대화를 통해 엄마 위주로 분석을 진행할 필요를 느꼈다. 엄마가 몰랐던 자녀의 행동 이해를 위한 작업이 선행되어야 했다.

초등 4학년 효진이는 방과 후 학원차가 오기 전 잠깐의 틈을 이용해 친구와 자주 편의점에 갔다. 또는 학교 앞 문구점에 들러 자그만 소품

들을 구경했다. 용돈이 좀 넉넉한 날은 친구들에게 삼각김밥을 쏘기도
하고 문구점에서 스티커나 팬시용품을 샀다.

어느 날 문구점 주인아주머니가 효진이 손을 잡고 담임선생님을 찾
아왔다. 자주 문구점에 들르는 아이들이라 문구점 아주머니도 친하게
지내셨고 예뻐하셨다.

그런데 어느 날부터인가 문구점에서 효진이의 행동이 조금 이상했
다는 것이다. 우물쭈물하고 얼굴도 빨개질 때가 있으며 인사도 머뭇머
뭇했다. 효진이를 유심히 관찰하다 효진이와 효진이의 짝꿍이 문구점
구석 모서리쯤에 진열되어 있던 색깔 볼펜들을 슬쩍 주머니 속에 넣는
걸 발견했다. 그 자리에서 아주머니는 효진이와 친구를 붙들고 이게 무

슨 짓이냐고, 그동안 얼마나 예뻐했는데 어떻게 너희들이 이럴 수가 있
냐고 다그쳤다. 친구는 자기는 모르는 일이라며 달아나버렸다. 효진이
는 잔뜩 주눅이 들어 눈물만 줄줄 흘리고 있었다.

아주머니는 어머니 전화번호를 대라고 해도 효진이가 울기만 한다
고 담임선생님께 말했다. 깜짝 놀란 선생님은 우선 사과를 하고 훔친
물건들을 모두 돌려드리도록 하겠다고 약속했으며 이후 효진이와 따로
이야기를 나누었다.

효진이는 처음에는 친구랑 호기심과 재미로 시작했다고 했다. 효진
이는 엄마에게 알려지는 걸 무엇보다 두려워했다. 선생님 앞에서도 계
속 울기만 하고 엄마에게는 말하지 말라달라고 부탁했다. 고민하던 끝
에 담임은 효진이에게 말하지 않고 엄마를 따로 만났고 전문 상담실을
찾아가 볼 것을 권유드렸다.

효진이 엄마는 교수였다. 아빠 또한 학자였다. 안정적이고 반듯한 집
안 분위기였는데 효진이가 왜 그런 일을 하고 그런 반응을 보였는지 엄
마 입장에서는 받아들이기 어렵고 또 부끄러운 일이었다.

효진이 부모님은 효진이와 동생을 아낌없이 사랑했지만 언제나 규
칙을 지키고 타인에게 예의 바르게 대해야 한다고 강조했다. 공부보다
는 먼저 인성이 되어야 한다는 기준과 원칙을 가지고 있었다. 부족함
없이 효진이를 케어하고 많은 것을 누리게도 해주었지만 동시에 엄마
와 아빠가 엄격하고 공정한 분이라는 생각이 먼저 자리 잡게 만들었다.

영유아기를 거쳐 초등에 이르기까지 공정한 양육 태도는 무척 중요

하다. 하지만 공정에 앞서서 아이는 어떤 상태이든 받아들여진다는 안전감을 우선 느껴야 한다. 공정성이 최우선으로 자리할 때 자녀는 불안을 느끼는 동시에 거부하려는 욕구가 출현한다. 하지만 감히 거부할 수 없는 부당함에 밀실에서 복수를 꿈꾼다. 효진이에게 있어 그 복수는 '도둑질'이었다.

효진이의 의식 안에서 부모는 누구보다 훌륭한 분들이다. 하지만 보이지 않는 검열관으로 늘 자신을 억압한다는 심리적인 부담감이 작용했다. 결국 부모는 자신을 믿지 않는다는 존재감 상실까지 경험하게 했다. 존재감 상실에 대한 보상으로 효진이는 아슬아슬 규칙을 위반하는 행위를 반복했다. 이를 통해 무의식적 억압을 강요한 부모로부터 해방감을 맛보고 자신의 존재감을 확인하는 것이다.

가정 내에서 엄마는 사회적 역할의 인간이 아닌 엄마로서의 역할이 따로 존재한다. 아빠 역시 마찬가지다. 부모의 사회적 페르소나(persona, 가면 혹은 인격으로 타인에게 파악되는 외적 자아)가 가정에까지 단절되지 않고 이어질 때 자녀는 쉴 곳이 없다.

다시 말하면 역할에 맞는 얼굴로 전환할 수 있어야 한다. 효진이 엄마와 아빠는 자신들의 사회적 지위나 품위에 맞는 행동을 가정에서도 아이에게 요구하고 유지시켰다. 그럴 때 아이들은 자신만의 엄마나 아빠를 갖지 못하고 늘 긴장하며 스스로를 다그치게 된다. 문구점 아주머니께 들킨 순간 효진이는 엄마의 얼굴이 제일 먼저 떠올랐다고 한다. '엄마가 실망한 얼굴'은 자신에게 두려움을 주는 검열관의 모습이었다.

엄밀히 말해서 사실 효진이의 무의식은 엄마의 실망한 얼굴을 보고 싶어 했다. 그 순간 복수의 완성을 이루기 때문이다. 하지만 의식 차원에서의 효진이는 엄마의 실망과 좌절을 견뎌낼 만큼 강하지 못하다. 훌륭한 엄마를 실망시켰다는 자책과 죄책감으로 두려워 떨며 자신을 정말 쓸모없는 존재로 단정 짓게 된다.

이제 막 초등 고학년에 접어드는 나이, 부모에게 말 못할 비밀들이 늘어나고 굳이 말하고 싶지 않은 것들은 표현하기를 거부할 수 있는 시기다. 발달 심리학에서 말하는 초자아가 더욱 발달하는 동시에 사회적인 규칙과 규범 등도 학습하고 적응해나가야 하는 중요한 기간이다. 이때 맛보는 도저히 넘을 수 없는 검열관의 장벽은 자기존중감은 물론 존재감마저도 숨겨버리려는 두려움으로 다가온다.

물론 아이들에게는 성장하면서 적절한 금지와 규칙이 필요하다. 하지만 이 금지나 검열관이 압도적으로 아이 내면에 존재하면 아이는 자신의 감정, 상태를 제대로 알아차릴 수 없다. 오직 검열관의 눈치를 보거나 검열관의 승인을 받으며 하루하루를 살아낸다. 당연히 아이의 자아는 연약해진다. 부모의 철저한 자기관리를 통해 뿜어져나오는 사회적 인격체가 가정의 아이를 질식시키기도 한다는 사실을 간과해서는 안 된다. 집 안 현관을 들어오면서 목까지 채운 단추 한두 개를 풀어야 한다. 그 여유 속에서 자녀의 존재감이 고개를 디민다.

"다리가 굵어도, 등이 굽어도, 목이 짧아도, 맞춤옷을 입으면 단점을 충분히 보완할 수 있습니다."

3대째 이어온 100년 된 종로 양복점 이경주 대표의 말이다. 가정에서 부모의 역할도 마찬가지다. 기성복에 아이를 맞추는 것이 아니다. 자녀의 실수, 단점, 한계를 품어주는 맞춤형 안정감이 필요하다. 안정감을 느껴야 아이는 자신의 존재감을 용기 내어 마주하게 된다.

자존감 교육이 미래 교육이다

미국 시카고대학교 경제학 교수 존 리스트는 '기업의 중심은 변화'에 있다고 말하면서 1955년 미국 경제지 〈포천〉이 선정한 세계 100대 기업 중 현재 일곱 곳 정도만 빼고 모두 사라졌다고 언급하였다. 변화에 유연하게 대응하지 못할 경우 기업은 존속할 수 없고 또 그만큼 변화가 어려움을 보여주는 사례다.

단지 '사람'으로 태어난 것만으로 인간의 존엄성이 보장받아야 하듯, 개인의 존중감 또한 존재만으로 보장받아야 한다. 하지만 많은 아이가 자존감 상실을 경험한다. 그런데 이 상실이 흡사 세계 100대 기업들이 사라지는 과정과 비슷하다. 변화에 대응하기 어려운 환경에서 초등 아이들의 자아존중감은 느끼기도 전에 빠른 경쟁으로 눈 녹듯 없어지는 추세다.

불과 몇십 년만에 그 많은 기업이 사라졌다는 것은 '그럴 수도 있지'라고 넘어갈 수준이 아니다. 빠르게 변하는 세상의 속도에 맞춰서 대응해야 존재감을 유지할 수 있다는 말이다. 이것은 기업이나 개인이나 마찬가지다.

교육은 경제보다 더 빨라야 한다. 현재의 교육은 지금이 아니라 우리 아이들이 살아갈 미래를 준비시키는 것이기 때문이다. 안타깝지만 교육은 늘 20~30년가량 뒷북을 친다.

우리 아이들이 성인이 되었을 때에는 인공지능 환경에서 살아갈 것이다. 그런데 현재 그러한 시대를 준비한다며 서두르는 교육은 '코딩' 정도다. 사실 '코딩' 교육이 미래를 준비하는 대안교육으로 얼마나 효과가 있을지는 아직 미지수다. 새로운 소프트웨어, 혹은 프로그램을 익히면 되겠지 하는 생각만으로는 변화에 대응하기 역부족이다. 세상이 변하는 속도와 무관하게 지금 여기 있는 자아 인식, 더 나아가 외부의 영향에 흔들리지 않는 자아존중감을 유지할 수 있어야 한다. 자아존중감 없이 만나는 인공지능 시대는 자칫 '자존감 상실의 시대'가 될 수 있다.

세계적인 역사학자 유발 하라리는 한 신문사와의 인터뷰에서 이렇게 말했다.

"공장 노동자, 택시 운전사, 통역사, 기자의 직업을 AI가 대신하기 위해서 의식을 가질 필요는 없다."

의식 없이도, 어떠한 감정이 없어도 인공지능은 인간이 해왔던 일들을 대신할 수 있다는 것이다. 이는 자존감의 위기를 뜻한다. 그간 우리가 의식적으로 의미를 부여하며 생을 바쳐 해왔던 일들이 인공지능에 의해 아무런 감정과 의식 없이 진행되어도 괜찮다는 사실을 마주하는 순간, 인간은 자존감의 의미에 대해 의문을 가질 수밖에 없다. 의식과 의미들이 아무것도 아님을 마주할 때 밀려오는 존재에 대한 허무함은 견디기 어려울 것이다.

최초의 자존감은 타인의 반응을 통해 형성된다. '자아'라고 하는 인식의 출발은 나를 중심에 두고 다른 사람들이 어떻게 행동하는지에 절대적 영향을 받는다. 그렇게 형성된 '자아'는 점차 자신만의 감정을 표출하게 되며, 그러한 감정의 주체가 되는 자신을 인식하며 보다 확고하게 자존감을 느낀다. 마지막으로 감정의 주체를 넘어 생각하고 논리를 갖추고 의식적 비판을 하는 자신을 바라보며 주체적 자아 존재를 인식하게 된다. 자존감을 인식하는 단계 정도에 이르러야 외부의 급변하는 상황에서도 흔들림 없이 있을 수 있다.

요즘 먹는 방송이 많이 등장했다. 많은 사람들이 소위 '먹방'이라고 하는 프로그램을 보면서 시간을 보낸다. 나도 바쁜 와중에 잠시 쉰다며 채널을 돌리다 문득 먹방 채널에 멈춰 있는 때가 있다. 그러한 내 자신을 의식하며 질문을 던진다.

'왜 다른 사람이 맛있게 먹는 장면을 보고 있는 거지?'

먹방을 보면서 맛집 정보를 알 수도 있다. 하지만 정말 맛집을 찾아가기 위한 정보 때문에 먹방을 보는 것이 아니다. 대부분의 사람들이 혼자 방에서 먹방을 본다. 어떤 이들은 누군가와 함께 밥을 먹는 기분으로 음식을 먹으면서 먹방을 본다. 혼자 있으면서 그 시간을 견디기 어려워하는 것은 나를 바라보는 누군가가 없을 때 자존감을 인식하지 못하는 인간 본연의 나약함 때문이다.

자존감이 사라지는 시대에 대비하여 아이를 교육시켜야 한다. 외부 환경이 빠르게 변하고 혼자인 시간이 많아지는 미래, 그 누구도 나의 존재를 바라봐주기 어려워지는 상황에서 우리 초등 아이들에게 가장 필요한 것은 누군가 바라봐주지 않아도 혼자 설 수 있는 자아의식이다.

EBS 탁재형 PD가 어느 잡지와의 인터뷰에서 이런 말을 했다.

"요리할 때는 누구나 혼자일 수밖에 없다."

혼자일 수밖에 없지만 주체적으로 무언가를 하는 순간은 자신과 마주한다. 계속 자신에게 질문을 하며 무언가를 창조해내기 때문이다. 자존감을 느끼는 데 있어 무언가를 만들어내는 것만큼 큰 효과를 발휘하는 것도 드물다. 창조의 시간 동안 끊임없이 '나'라고 하는 주체와 대화를 나눈다.

"소금을 얼마나 넣을까?"

"불 세기는 어느 정도로 할까?"

"이 정도 양이면 충분할까?"

초등학생이 다양한 질문과 선택 속에서 고민하는 순간을 충분히 보장해주어야 한다. 이는 단순히 창의력을 높이는 것이 아닌, 자존감을 마음껏 누리는 시간이 되기 때문이다.

신은 절대적으로 완벽하다

⇒ 존재하는 것이 존재하지 않는 것보다 더 완벽하다

⇒ 그러므로 신은 존재할 수밖에 없다.

데카르트의 신 존재 증명 과정이다. '존재하는 것이 존재하지 않는 것보다 더 완벽하다'는 전제를 기억하자. 우리 아이들이 자존감을 자주 느끼도록 안내하는 교육이 가장 완벽에 가까운 교육이다.

부모는 한결같은
자기대상이어야 한다

"넌 아주 용감한 사내야, 꼬마야."

난 아픈 가운데서도 웃어 보였다.

그리고 중요한 사실 하나를 발견했다.

이제 포르투갈 사람이 내게 가장 소중한 사람이 되었다는 것을.

◆

J. M. 바스콘셀로스,《나의 라임오렌지나무》

 자존감 형성에 결정적 역할을 하는 것은 긍정적 '자기대상'이다.

한성희 작가는《딸에게 보내는 심리학 편지》에서 '자기대상'을 알기 쉽게 설명해놓았다. 자기대상은 '없으면 존재감마저 흔들리는, 자신의 삶에서 필수 불가결한 대상'이다. 자기대상이 있는 것과 없는 것은 내가 존재하느냐 사라지느냐의 문제와 같은 정도로 비중이 무겁다.

자기대상은 한결같이 자신을 바라봐준다는 특징이 있다. 실수를 저지르거나 형편없는 모습으로 있어도, 있는 그대로 나를 바라봐준다. 때문에 가히 절대적인, 살아갈 만한 이유라고까지 할 수 있다. 한성희 작가는 미국의 정신분석가 하인즈 코헛의 말을 인용했다.

"인간은 존중과 사랑을 받을 수 있는 대상이 있어야 하고, 안정감과 위로를 주는 대상을 원한다. (중략) 그 대상은 자신의 일부로 편입되어 기능하는데, 자기와 구분이 되지 않기 때문에 '자기대상'이라고 부른다."

결국 '자기대상'은 상대와 내가 구분되지 않을 정도로 하나의 일치된 경험을 한다. 이런 자기대상이 꼭 사람일 필요는 없다. 사물일 수도, 일 자체가 될 수도 있다. 자기대상이 항상 긍정적인 모습으로 다가오는 것도 아니다. 대부분의 경우 자신도 모르는 사이 부정적 역할을 하는 자기대상에 스스로를 묶어놓는다.

부정적 의미의 사물 자기대상으로는 인터넷 게임, 휴대폰 중독을 예로 들 수 있다. 철수는 처음 인터넷 게임을 시작해본다. 처음이라 익숙하지도 않고 금방 끝나버린다. 철수는 이 게임을 계속할지 말지 잠시 망설인다. 하지만 게임 속 화면은 철수를 나무라지 않는다. 괜찮다는 듯, 격려라도 하듯 바로 아래와 같은 화면을 보여준다.

또 해도 된다는 화면의 친절한 언어는 철수에게 있어 너무도 고마운 자기대상이 된다. 철수는 자신을 내치지 않고 배려해준 게임에 스스로를 투영하기 시작한다. 언제든 나를 받아주는 대상으로 인터넷 게임이 자리하게 되는 것이다. 결국 현실에서 공부하라고 압박하는, 혹은 나무라고 짜증내는 부모의 시선보다 게임 화면 속 캐릭터를 계속 키워나가라고 격려해주는 인터넷 세상에 자신의 자존감을 묶어놓는다.

그럴수록 현실에서의 자존감은 사라지고, 게임과 자신이 하나가 된 채 게임 세상에서의 자존감만 남게 된다.

휴대폰도 비슷한 기능을 한다. 영채가 간밤에 '라면'을 먹고 잠을 잤다. 퉁퉁 부은 얼굴로 아침에 일어난다. 등굣길에 친구들을 만나 수

다를 떨며 함께 '셀카'를 찍는다. 부어오른 형편없는 모습임에도 스마트폰은 V라인으로 보정해주고 배경화면도 화사하게 바꿔준다. 언제든 곁에서 못난 모습을 예쁘게 바라봐주고 사진도 찍어주며 내가 원하는 바를 찾아주는 스마트폰은 어느새 아이들의 자기대상적 존재가 되어버렸다.

이러한 부정적 자기대상은 자존감 형성에 도움이 되지 않는다. 오히려 현실을 직시하는 데 방해가 되고 지속적인 도피를 유도한다. 긍정적 자기대상으로의 전환이 필요하다.

긍정적 자기대상이 되는 사물은 바로 자신의 손으로 만들어낸 창조물이다. 아이들은 손으로 만지작거리며 종이를 접거나 진흙으로 무언가를 만들어내고 그것에 이름을 붙여준다. 자신이 만들어낸 대상의 존재를 인정해줌과 동시에 이름을 붙여주는 자신의 존재감을 드러내는 일이다. 창조물을 만들어낼 때마다, 그 창조물을 통해 자신을 인정하며 자존감 형성에 긍정적인 영향을 미친다.

아이가 무언가를 만들어냈을 때 단순히 잘했다는 칭찬에 멈추지 말고, 이름을 붙여보라고 권하자. 그 말 자체가 아이가 만들어낸 창조물에 대한 인정이 된다.

영유아기 아이가 만들어내는 최초의 창조물은 '대변'이다. 이 시기 자신의 몸에서 나온 대변을 바라보는 타인의 시선은 무척 중요하다. 대부분 다음 둘 중 하나의 말을 듣는다.

"아이고, 냄새야. 너 때문에 맨날 치우느라 힘들다, 힘들어."

"아이구, 우리 딸. 황금색 똥을 누었네. 바나나 줄기처럼 길쭉한 것이 아주 건강한 똥을 누었네. 기특하지."

더럽고 치워야 하는 것으로 바라보는지, 황금똥을 누었다며 박수를 쳐주는 대상이 되는지가 자존감 형성에 큰 영향을 미친다. 자신이 만들어낸 창조적 사물이 누군가에게 기쁨이 될 수 있다는 사실만으로 아이의 자존감이 높아진다. 그런 아이는 성장 과정에서 긍정적 자기대상이 되는 사물들을 지속적으로 창조해내고 즐거워한다.

가장 좋은 자기대상은 '항상, 한결같이, 판단 없이 자신을 바라봐주는 누군가'이다. 꼭 엄마여야 할 필요는 없다. 아빠도 좋다. 단지 이 세상에 그렇게 자신을 바라봐주는 사람이 있다는 사실만으로 자존감 형성에 굳건한 디딤돌을 얻게 된다.

사람들은 어린 시절뿐 아니라 성인이 되어서도 평생을 이러한 자기대상을 찾아 다닌다고 해도 과언이 아니다.

어린 시절 부모에게서 긍정적 자기대상의 시선을 받은 아이들은 상처 없는 자존감을 형성하고, 성인이 되어도 타인(배우자, 자녀)에게 기꺼이 그러한 자기대상의 역할을 해준다. 긍정적 자기대상이 대물림되는 선순환을 이루는 것이다.

부모가 초등 시기 자녀의 자존감에 결정적 영향을 미치는 '자기대상'이 되어주는 방법은 무엇일까? 자녀가 무능력하고 무력하다고 느끼는 순간에도 '무조건적인 수용'을 해주는 것이다. 어른에게는 아무 일도 아닌 것처럼 보일지 몰라도, 아이 입장에서 두려움에 떨며 혼나거나

버려질까를 염려할 만큼 힘든 순간들이 있다.

　그 순간 아무런 조건 없이 수용해주는 대상이 되어주는 결단이 필요하다. 그 단 한 번의 경험만으로도 아이들의 자존감은 안정적인 자리매김을 하게 되기 때문이다.

자존감은 성장입니다

◆

자존감은 심리적 성장의 열쇠입니다. 그만큼 자존감에 대한 오해도 많습니다. 흔히 자존심과 자존감을 등가적으로 생각합니다. 긍정상관이 있지만 반대로 자존심이 높을수록 자존감이 낮은 경우도 많습니다. 또한 높은 학력이나 번듯한 직업과 자존감이 비례한다고 할 수도 없습니다. 우리는 종종 뛰어난 스펙과 학력을 가진 사람이 상식적이지 않은 종교에 맹목적으로 빠져드는 경우도 볼 수 있습니다.

이것은 드러나지 않는 깊은 자존감과 연결되어 있습니다. 이들의 이면에는 자기존중감보다는 의존성과 관련한 문제들이 종종 보입니다. 의존성은 부모와의 관계, 성장 과정, 양육 태도, 부모의 욕망과 밀접한 관련이 있습니다. 자존감은 '높다, 낮다'보다 얼마나 '안정되고 흔들림이 없는가'로 표현되는 것이 더 적절합니다.

책을 쓰면서 지난 10년간 심리상담을 하며 만난 아동, 학부모, 일반 성인들이 머리를 스쳐 지나갔습니다. 그들은 상처, 결핍, 분노, 응어리들을 안고 멈춰서버린 소년과 소녀라는 공통점을 가졌습니다.

전문상담가로, 초등 딸아이를 키우고 있는 엄마로, 가정주부로 위치하지만 나 역시 때때로 내 안의 미숙한 아이가 불쑥불쑥 튀어나오는 것을 자각합니다.

우리가 부모로서 아무리 최선을 다해도
결핍은 막을 수 없는 삶의 필연입니다.

자신의 미숙한 많은 요소를 들여다보고 성찰하면서, 그것을 나무라고 자책하기보다는 보듬고 돌보는 것이 그 필연에 제대로 맞서는 방법일 것입니다. 우리 안의 결핍, 응어리들과 화해하지 않으면 의식하지 못하는 사이에 우리의 자녀가 그 대가를 치르게 됩니다.

아이들이 학교에서, 혹은 친구관계에서 힘겨워하는 모습을 보는 부모의 마음은 그저 막막합니다.

"네가 좀 더 다가가 봐."

"네가 이렇게 하면 되지."

어떻게든 그 힘겨움을 조금이나마 해결해주고 싶은 마음에 친구관계에 직접 개입합니다. 아이들과의 관계를 맺어주기도, 끊어놓기도 합니다.

초등 6년은 자존감, 삶에 대한 동기, 대인관계 경험과 기술, 타인에 대한 관심과 배려 등 매우 중요한 기반이 다져지는 기간입니다. 이 시기 부모와 아이는 조금씩 거리를 띄우기 시작해야 합니다. 그래야 무언가 시도해볼 공간과 여지가 생깁니다. 이 중요한 시기에 내 아이가 무조건 상처받지 않고 잘 지내길 바라는 마음을 내려놓아야 합니다. 어떻게든 아이가 마주하는 많은 고민거리와 문제들을 해결해주려는 마음을 잠시 멈춰야 합니다. 이 시기는 충분히 경험하고 내가 아픈지, 슬픈지, 우울한지, 짜증나는지를 알아차리는 기간입니다. 그 안에서 자존감이 단단하게 여물어갑니다.

한 번쯤은 아이도 부모도
심리상담을 해보길 권합니다.

어떤 증상과 문제가 있어서가 아닙니다. 아이와 부모가 스스로를 입체적으로 바라보기 위해서입니다. 상담을 통해 또 다른 나의 시선으로 '자아'를 바라볼 수 있습니다. 심리상담은 정신적이거나 병리적인 문제를 해결하기 위해서가 아니라 인간의 본질이나 인간성 자체에 대한 이해를 돕는 인문학적 접근으로 다가가는 게 좋습니다. 최근 매우 훌륭한 인문학 강의들을 쉽게 접할 수 있습니다. 하지만 내 개인의 직접적인 역사는 '내 안'에 있습니다. 심리상담은 개인의 드라마를 다룹니다. 개인적 접근을 통해 자신에 대한 좀 더 깊은 진실을 알아가려는 과정이 필요합니다.

아이의 자존감을 키우고 싶다면 엄마아빠의 자존감
상태를 알아차리는 작업이 선행되어야 합니다.

부모가 스스로에 대한 믿음이 부족하고 불안감이 높으면 아이는 자존감을 키워나가기 매우 어렵습니다. 간혹 과도한 우월감을 가진 부모는 내면의 열등감을 보상하기 위해 아이에게 현실적이지 않은 자존심을 키워놓기도 합니다. 이런 자존심은 작은 조각과의 부딪힘에도 순식간에 무너지는 아슬아슬한 도미노와 같습니다.

부족한 자녀의 행동을 볼 때마다 부모는 자꾸 지적하고 개선하고 싶은 충동이 올라옵니다. 개선보다 앞서야 하는 것이 있습니다. 아이의 존재감을 충분히 느껴주는 태도입니다. 내가 누군가에게 존재감 있게 여겨진다는 것을 인식한 순간 개선이 아닌 성장을 하게 됩니다.

아이의 문제를 교육적인 관점에서 바라보는 남편과 심리적 시선으로 인식하는 엄마 사이에서 매우 고단(?)했을 딸아이에게 미안함을 전합니다. 더불어 아이에게 성취나 성과를 강조하기보다 교육적 성찰과 노력을 아끼지 않는 남편에게 따뜻한 고마움을 전합니다.

2018년 어느 겨울 새벽녘,

심리클리닉 '피안(彼岸)'에서, 박우란

초등 자존감은 생각지도 못했어요

- 이희주 (민재 엄마)

유아 시기의 자존감 형성이 가장 중요한 줄 알았습니다. 그래서 이 책을 읽으며 많이 당황했습니다. 또래 집단에서 내 존재감, 이미지가 중요한 초등 자존감에 대해 아는 게 거의 없더군요. 세상의 중심이 '나'인 유아 시기보다 주변 사람들과 끊임없이 소통하고 자극받고 내가 존재함을 확인받은 초등 시기에 형성된 자존감이 무엇보다 중요하다는 걸 깨달았습니다. 초등학교 선생님 저자가 들려주는 다양한 아이들의 사례로 초등자존감을 조금이나마 엿볼 수 있었습니다. 이 책은 미지의 영역이었던 초등 자존감 문제로 고민하는 부모들에게 명확한 가이드라인이 되어줄 것입니다.

어릴 때부터 쌓아온 자존감이
뒷받침되어야만 해요

- 우보현 (수정 엄마)

중 2병보다 더 유별나다는 초 4병 이야기를 들으며 내년 초등 입학
을 앞둔 아이를 둔 입장에서 기대보다는 걱정되는 마음이 더 큽니다.
아이와 어떻게 준비해야 할까 고민하던 차에 이 책을 읽으니 눈이 확
떠지네요. 한글 공부도, 선행학습도 중요하겠지만 지금 내가 아이에
게 해줄 수 있는 가장 좋은 훈육은 단단한 토대를 만들어주는 것입니
다. 새로운 상황에서 좌절하더라도, 실패하더라도 툭툭 털고 일어날
수 있는 유연한 아이로 길러야겠다고 다시 한 번 다짐해봅니다.

딸아이가 눈치 보는 아이일지 되돌아보았어요

- 이수연 (유진 엄마)

아직 딸아이가 4세(43개월)이기에 자존감은 크게 신경 쓰지 않았지만
이 책은 유아를 자녀로 둔 부모에게도 많은 도움이 되리라 생각합니
다. 아이가 조금 더 커서 다시 한 번 읽어보면 좋겠다는 생각이 들었
어요. '강아지의 자존감도 존중받는 시대'라는 것이 저에게도 충격이
었고, 막연하게 알던 자존감을 자아존재감, 자아존중감 등의 용어로
정리해주셔서 이해가 더 쉬웠습니다. 그리고 엄마가 무심코 내뱉는
말이나 행동 등을 다시 한 번 되돌아보게 되었고, 다양한 사례를 통
해 어떻게 행동해야 하는지 알 수 있었습니다.

인정해주는 시선이 있으면 자신감 있는 아이로 성장합니다

- 문진영(은재, 민재 엄마)

초등학생 때 만들어진 자기존재감이 성장하면서 얼마나 중요한 영향을 끼치는지 알게 되었어요. 무엇보다 저자가 직접 경험한 사례들을 들어 이해하기 쉬웠습니다. 내용이 아주 쉬운 편은 아니었지만, 집중할 만한 요소들이 군데군데 들어 있어 끝까지 놓지 않고 읽을 수 있었던 것 같습니다. 자신감 있는 아이로 키우기 위해서 보통 엄마들이 교육비 부담에도 열심히 선행학습을 시키거나 특기를 가르쳐 남들보다 '더 잘하는 아이'로만 만들어주려고 하잖아요. 아이 자체를 인정해주는 것만으로도 자신감을 키울 수 있다는 데 속 시원한 현답을 들은 듯했습니다.

학부모이기 전에 부모인 걸요

- 이미진(준서, 서정, 현서 엄마)

자아존재감에 대해서 다시금 생각할 수 있도록 한 책이었어요. 중간중간 자아존재감에 대해 잘못 이해하고 있던 부분을 읽을 때면 꼬집히는 것 같은 뜨끔함도 느꼈습니다. 현재 큰아이가 초등학교 4학년인데 부쩍 '사춘기'라는 단어에 갇혀 아이가 존재감을 알아달라고 외치는데도 모른 척해왔던 것도 같습니다. 느린 듯 보여도 작고 소소한 존재감을 충분히 누리는 자아로 성장하게 하는 것, 아이가 초등학교에 들어가고 나서는 부모이기보다 학부모로서만 더 많은 생각을 했던 엄마에게 깨달음을 주는 책입니다. 평생 간다는 초등 자아존재감을 키워주기 위해 지금이라도 좀 더 아이의 외침을 들어주어야겠다는 생각이 듭니다.

저자가 우리 아이 담임선생님이면 참 좋겠어요

- 이연곤 (수민 엄마)

유치원을 지나 아이들이 초등학교에서 어떤 생활을 하고 어떤 생각을 할지 궁금했는데, 한 편의 장편 영화를 본 듯 간접체험을 하게 해준 책입니다. 그리고 초등자존감을 위해 계속적으로 유지해야겠다고 다짐한 육아 원칙이 바로 '무조건적 수용'입니다. 내 자녀가 형편없는 순간에마저 바라볼 용기를 가지고 아이에게 안정감을 주어야겠다고 각오합니다. 자존감이 사라지는 시대, 외부 환경이 빠르게 변하고 혼자인 시간이 많아지는 미래, 누군가 바라봐주지 않아도 혼자 설 수 있을 만큼의 자아의식을 갖춘 아이로 성장하기를 희망하며, 앞으로도 계속 긍정적인 눈빛으로 내 아이를 바라봐주려 합니다.

초등 자존감의 힘

The Power of Self-Esteem for Elementary Students

초판 1쇄 발행 | 2019년 1월 5일
초판 9쇄 발행 | 2022년 5월 15일

지은이 | 김선호 · 박우란
발행인 | 이종원
발행처 | (주)도서출판 길벗
출판사 등록일 | 1990년 12월 24일
주소 | 서울시 마포구 월드컵로 10길 56(서교동)
대표 전화 | 02)332-0931 | 팩스 · 02)323-0586
홈페이지 | www.gilbut.co.kr | 이메일 · gilbut@gilbut.co.kr

기획 및 책임편집 | 최준란(chran71@gilbut.co.kr) | 본문 디자인 · 황애라 | 표지 디자인 · 강은경
제작 · 이준호, 손일순, 이진혁 | 영업마케팅 · 진창섭, 강요한 | 웹마케팅 · 조승모, 송예슬
영업관리 · 김명자, 심선숙, 정경화 | 독자지원 · 윤정아

편집진행 및 교정 · 이신혜 | 전산편집 · 수디자인 | 본문 일러스트 · 이창우
독자기획단 4기 · 문진영, 우보현, 이미진, 이수연, 이연곤, 이희주
CTP 출력 · 교보피앤비 | 인쇄 · 교보피앤비 | 제본 · 경문제책

ISBN 979-11-6050-689-1 03590
(길벗 도서번호 050137)

독자의 1초를 아껴주는 정성 길벗출판사

{{{ (주)도서출판 길벗 }}} IT실용, IT/일반 수험서, 경제경영, 취미실용, 인문교양(더퀘스트), 자녀교육 www.gilbut.co.kr
{{{ 길벗이지톡 }}} 어학단행본, 어학수험서 www.gilbut.co.kr
{{{ 길벗스쿨 }}} 국어학습, 수학학습, 어린이교양, 주니어 어학학습, 교과서 www.gilbutschool.co.kr

{{{ 페이스북 }}} www.facebook.com/gilbutzigy
{{{ 트위터 }}} www.twitter.com/gilbutzigy